Jean-Pierre GRATIA

Microbiologie et biologie moléculaire en Belgique

Histoire des premiers artisans

Préface du Professeur
Richard MOREAU

Publié avec le concours de la
Fondation Universitaire de Belgique
à l'occasion du cinquantenaire de la mort
d'*André Gratia*

L'Harmattan
ue de l'Ecole Polytechnique
75005 Paris
FRANCE

L'Harmattan Inc.
55, rue Saint-Jacques
Montréal (Qc)
CANADA H2Y 1K9

L'Harmattan Hongrie
Hargita u. 3
1026 Budapest
HONGRIE

L'Harmattan Italia
Via Bava, 37
10214 Torino
ITALIE

Collection **Les Acteurs de la Science**

Dirigée par Richard Moreau,

Professeur émérite de Microbiologie à l'Université Paris XII

Correspondant national de l'Académie d'Agriculture de France

Les deux derniers siècles, ceux des merveilles de la Science, ont produit une tranformation rapide de la société et du monde. La collection *Les Acteurs de la Science* cherche à en rendre compte objectivement et en dehors des modes. On trouvera :

- des études sur les acteurs d'une épopée scientifique qui, depuis le dix-neuvième siècle surtout, donna à l'homme l'impression de dominer la nature, mais certaines porteront sur leurs précurseurs ;
- des inédits et des réimpressions de textes anciens écrits par les savants qui firent la Science, ou sur eux par leurs pairs ;
- des débats et des évaluations sur les découvertes les plus marquantes depuis le siècle des Lumières.

Déjà parus:

Richard Moreau, *Préhistoire de Pasteur,* 2000.
Jean-Pierre Dedet, *Les Instituts Pasteur d'outre-mer,* 2000.

En première page de couverture :

A gauche, action de différentes colicines sur une souche de bactéries sensible ensemencées, après incubation des souches productrices, en fine couche d gélose ; au centre de la photo, Pierre Fredericq, pionnier des colicines e découvreur des plasmides.
A droite, colonies de transductants d'*Escherichia coli,* formés chacun par un particule de phage non défective portant le gène bactérien qui complémente l mutation d'auxotrophie de la souche initiale ensemencée sur milieu minimal (ave colorant indicateur de pH) ; chaque colonie est entourée d'un halo de lyse au dépen des bactéries environnantes bénéficiant d'une croissance limitée.

ISBN : 2-7475-0973-7

SOMMAIRE

À la mémoire de mes parents
et de mon maître Pierre Fredericq

Je tiens à remercier Marie-Madeleine Arnold, Lucien Delcambe, Véronique Fillieux, Henri Firket, Jean Freney, Jean-Marie Ghuysen, Nicolas Glansdorff, Claudine Godard, Robert Halleux, Willy Hansen, Denis Thieffry, René Thomas, Nicole Van Tieghem, Claude Welsch, Elie Wollman pour leurs conseils et la documentation.
J'ai eu beaucoup de plaisir à converser avec les professeurs Jacques Beumer, Hubert Chantrenne et Christian de Duve, qui m'ont fait part de leurs souvenirs.

PRÉFACE

Des quatre premiers titres de la collection *Les Acteurs de la Science*, trois ont trait à des fondateurs de la Microbiologie. Cette coïncidence est heureuse, car les découvertes de Theodor Schwann, de Louis Pasteur, de Robert Koch et de leurs successeurs ont ouvert une ère nouvelle à la Science et à l'Humanité. N'oublions pas cependant que le progrès engendre ses propres excès. Ainsi Pasteur fut le premier à penser à la lutte biologique. Actuellement, les applications incontrôlées de la génétique et de la biologie moléculaire contiennent en germes bien des dangers.

André Gratia fut l'un de ceux qui ouvrirent de nombreux chemins à la Science. Son nom m'était familier depuis mes études à la Faculté de Pharmacie de Nancy et le cours de Microbiologie, que j'ai suivi à partir de l'automne 1954. Le microbiologiste belge était mort depuis peu et ses travaux faisaient partie de la Science en marche que notre maître, le professeur J.G. Marchal, nous transmettait avec exactitude. Le rôle du professeur d'Université est en effet de former ses élèves à la réflexion scientifique et à la pratique de la Science, pas d'être un super-enseignant de lycée. André Gratia représentait pour nous des travaux sur les bactériophages. On voit par ce livre qu'il fut un microbiologiste d'une envergure bien plus grande.

Parti de l'histoire scientifique de son père, Jean-Pierre Gratia a brossé un tableau résumant l'influence souvent spectaculaire des travaux belges francophones des cinquante premières années du vingtième siècle sur les aspects les plus fondamentaux de la

Microbiologie. A juste titre, l'auteur a peu abordé la Microbiologie appliquée à la médecine, à l'industrie ou à l'agriculture, car cela l'aurait entraîné trop loin. Toutefois, il achève son ouvrage par des considérations sur l'évolution de la Science, en insistant de manière utile sur l'importance de l'Ecologie et sur le rôle des biologistes en ce domaine, avec le souci évident d'éveiller des vocations.

Pour toutes ces raisons, le livre de J.P. Gratia est le bienvenu. Il y a plus. L'école belge fut intermédiaire entre les écoles de Paris et de Berlin, comme on disait autrefois. En France, on a tendance à penser que tout est venu de Pasteur, qui fut, bien entendu, l'un des pionniers de la Microbiologie et le fondateur de l'Immunologie. Dans les années 1860, ses recherches sur les générations dites spontanées, point de départ définitif de la Microbiologie[1], étaient cependant la continuation et la confirmation des travaux de Theodor Schwann, dont il avait d'ailleurs repris des expériences. Schwann avait déjà découvert, dès 1837, le rôle d'un *Zuckerpilz* dans la fermentation alcoolique. Quand à la culture des bactéries, elle fut développée concurremment par Koch et Pasteur (1843-1910).

La Microbiologie belge a pris sa source en Allemagne et à Paris. En 1839, deux ans après son travail sur la fermentation alcoolique, Theodor Schwann vint de Cologne enseigner à Louvain, puis à Liège en 1848. En 1887, parut l'un des premiers traités de Bactériologie, celui de Carl Flügge, de Breslau[2]. Ce livre fut traduit en français par le liégeois F. Henrijean et préfacé par Charles Firket, professeur d'Anatomie pathologique à l'Université de Liège. En 1897, Emile van Ermengem, disciple de Claude Bernard et de Robert Koch, publia à l'Université de Gand la découverte de l'agent du botulisme, *Clostridium botulinum*. Vers 1900, Jules Bordet qui, en 1895, avait commencé son

---

[1] R. Moreau, Les expériences de Pasteur sur les générations spontanées. Le point de vue d'un microbiologiste. Première partie : la fin d'un mythe, *in* : La Vie des Sciences, *C. R. Acad. Sci.* Paris (1992) **9**, 231 ; Deuxième partie : les conséquences, *ibid.*, **9**, 287.

[2] C. Flügge, *Les microorganismes étudiés spécialement au point de vue de l'étiologie des maladies infectieuses*. Traduit de l'allemand par F. Henrijean, préface de C. Firket (A. Manceaux éd., Bruxelles, 1887).

travail de pionnier en Immunologie à l'Institut Pasteur auprès d'Elie Metchnikoff, découvreur de la phagocytose et de l'opsonisation, s'installa en Belgique et y fonda ce qui devint, avec l'autorisation de Madame Louis Pasteur en 1903, l'Institut Pasteur de Bruxelles[3].

Ce mélange d'influences aurait comblé Pasteur, lui qui avait proclamé le 10 août 1884, à la séance d'ouverture du Congrès périodique des Sciences médicales de Copenhague : *La science n'a pas de patrie, ou plutôt la patrie de la science embrasse l'humanité toute entière (...) Si la science n'a pas de patrie, l'homme de science doit avoir la préoccupation de tout ce qui peut faire la gloire de sa patrie. Dans tout grand savant, vous trouverez toujours un grand patriote. La pensée d'ajouter à l'honneur de son pays le soutient dans les longs efforts ; l'ambition tenace de voir la nation à laquelle il appartient de prendre ou garder son rang le jette dans les difficiles mais glorieuses entreprises du savoir qui amènent les vraies et durables conquêtes. L'humanité profite alors de ces travaux qui lui arrivent de tous côtés ; elle compare, elle choisit, elle s'empare avec orgueil de toutes les gloires nationales*[4].

Avec Jules Bordet, prix Nobel, André Gratia et bien d'autres, la Belgique a eu assez de microbiologistes pour "sa gloire". Par contre, "l'humanité" sut-elle rendre justice "avec orgueil à toutes les gloires nationales" belges comme le voulait Pasteur ? On a l'impression que ce ne fut pas le cas et que la communauté scientifique internationale a trop ignoré le rôle des Belges dans l'essor de sciences porteuses d'avenir comme la Microbiologie, l'Immunologie et la Biologie moléculaire. J.P. Gratia a su y remedier. Il était adolescent quand, en octobre 1950, il perdit son père. Devenu docteur en Sciences et spécialisé en génétique bactérienne, il a eu la chance de travailler aux côtés de Pierre Fredericq, collaborateur "fétiche", selon ses termes, d'André

---

[3] Rappelons que Pasteur mourut en septembre 1895.

[4] L. Pasteur, Discours prononcé le 10 août 1884 à la séance d'ouverture du Congrès périodique des Sciences médicales de Copenhague, *in* : compte rendu du Congrès, 8e session, Copenhague, 1886, 1, p. 7, et *Oeuvres de Pasteur*, 7 (Masson, Paris, 1884) p. 375.

Gratia. Il put se rendre compte alors du vaste champ d'investigation que celui-ci avait parcouru, des antibiotiques aux virus, en passant par une certaine forme de la génétique avant la lettre. Certains travaux d'André Gratia, inconnus de ses disciples et retrouvés par son fils[5], sur des mutations de bactériophages et sur l'origine spontanée des mutations bactériennes, montrent que des acquis postérieurs à la disparition du premier furent en réalité des redécouvertes. Mort trop jeune, André Gratia ne bénéficia pas des récompenses scientifiques qu'il méritait. De plus, il fut frappé par la malchance. En effet, il "tenait" peut-être la pénicilline, comme le montre déjà une note de 1925 avec Sara Dath[6], quand la maladie l'obligea à quitter le laboratoire pendant de longs mois, le temps qu'il fallut pour que sa souche de *Penicillium* meure...

Les savants du temps de Gratia, dont lui-même, exploraient la Science à grandes enjambées et découvraient *larga manu* la plupart des grands concepts fondamentaux. Leur capacité de curiosité et d'émerveillement leur faisait considérer chaque découverte de la manière dont une mère découvre son nouveau-né : *La découverte nouvelle, c'est l'enfant qui vient de naître, l'enfant né artiste, poète, inventeur, l'enfant qui a en lui la fécondité du génie*[7]. La multiplicité des domaines abordés nous frappe en notre période d'ultra spécialisation. Tous butinaient de sujet en sujet, ce qui témoignait d'une vaste culture. Par contre, ils laissaient souvent leurs successeurs "exploiter le terrain", c'est-à-dire tirer les conséquences de leurs propres trouvailles. A ce sujet, Louis Pasteur rapporte[8] qu'à l'Exposition internationale de 1867, Jean-Baptiste Dumas questionna Justus von Liebig sur les motifs qui l'avaient éloigné de la chimie organique théorique pour s'occuper de chimie agricole. Liebig répondit : *J'ai renoncé*

---

[5] J. P. Gratia, André Gratia, a forerunner in Microbial and Viral Genetics, *Genetics* **156**, 471 (paru dans la rubrique *Perspectives*, à la date anniversaire, en octobre 2000).

[6] A. Gratia et S. Dath, Moisissures et microbes bactériophages. *C. R. Soc. Biol.* (1925) **92**, 461.

[7] L. Pasteur, Réponse au discours de M. J. Bertrand à l'Académie française. *Oeuvres* (1885), **7**, 396.

[8] L. Pasteur, Leçons de Physique et de Chimie appliquées aux Beaux-Arts, Première leçon (15 février 1864), *Oeuvres*, **7**, 229.

à la chimie organique parce qu'avec la théorie des substitutions pour base, la chimie organique n'avait plus besoin que d'ouvriers[9]. Incontestablement, André Gratia fut de la race des maîtres, de Liebig à Pasteur.

Une dernière observation : l'ouverture d'esprit de nos devanciers contraste avec notre époque frileuse, adepte d'un langage scientifique unique, "aseptisé", d'un "Holy Land de la Science" contrôlé par des comités divers que Pasteur dénonçait déjà en son temps. L'histoire récente montre où cela peut mener : il suffit de songer au sang contaminé ou à l'affaire du prion, sur laquelle J.P. Gratia a écrit des lignes judicieuses. L'épilogue de l'auteur, qui reprend les grandes questions actuelles de politique, voire d'hégémonie scientifique, est de ce fait d'un grand intérêt.

Au total, ce livre fait faire un grand pas à l'histoire de notre science et je lui souhaite le franc succès qu'il mérite amplement.

Richard Moreau
professeur honoraire de Microbiologie
à l'Université de Paris XII,
correspondant national de
l'Académie d'Agriculture de France

---

[9] Il faut rappeler que la théorie des substitutions est de Jean-Baptiste Dumas.

INTRODUCTION

Au cours de ces cinquante dernières années, la Biologie moléculaire a pris un essor considérable. C'est une raison suffisante pour que l'on s'intéresse à l'apport de la Microbiologie au cours de la première moitié du vingtième siècle. La génétique bactérienne a bénéficié de la découverte des virus bactériens, ou bactériophages, puis de celle des plasmides, doués de réplication autonome et conférant des propriétés additionnelles à la bactérie-hôte. Le génie génétique en est une application. Maintenant, la voie est ouverte pour une meilleure connaissance du monde vivant dont dépendent la médecine et la sauvegarde de l'environnement. De même, des développements industriels qu'on ne soupçonnait pas il y a quarante ans ont vu le jour. Le chercheur tout autant que l'homme de la rue est pris de vertige, il est à la fois enthousiaste et inquiet.

Des questions importantes subsistent ou apparaissent.

1) L'histoire des antibiotiques est merveilleuse. Mais, leur usage à grande échelle, souvent abusif, surtout en élevage et en agriculture, a fait apparaître une nouvelle et grave question pour l'avenir en raison de la résistance des germes à leur action.

2) En dépit des progrès spectaculaires de la biologie, le problème du cancer et des maladies génétiques reste encore très important.

3) L'ingénierie génétique, née au cours de la deuxième moitié de ce siècle sur la base des travaux sur les bactériophages et les plasmides, et les progrès de ce qu'on appelle maintenant la

biotechnologie ouvrent la voie à de grandes réalisations mais, à plus long terme, à de possibles dangers auxquels le nouveau millénaire devra faire face.

4) L'étude des virus et les moyens de déceler leur présence et leur activité chez l'homme ont considérablement progressé. Néanmoins, il y a émergence de nouveaux virus et l'homme reste encore désarmé soit parce qu'il ne peut pas toujours enrayer leur propagation, soit encore parce qu'il ne peut pas préparer de vaccin chaque fois, soit enfin parce que les lésions sont trop développées pour qu'il soit possible d'intervenir. Ceci appelle une connaissance plus approfondie, non seulement de la nature et de l'origine des virus, mais aussi de leurs interactions avec la cellule-hôte. Des moyens supplémentaires pour la recherche s'avèrent indispensables.

Ce livre veut être une histoire vivante des sciences qui s'inscrit dans la ligne de pensée et de réflexion d'aujourd'hui. Dans le même ordre d'idées, l'UNESCO et le Conseil International des Unions Scientifiques (CIUS) ont organisé à Budapest une Conférence mondiale pour la Science. Celle-ci a été l'occasion de faire le bilan du passé, en particulier celui du vingtième siècle marqué par une créativité scientifique sans précédent, et de regarder vers l'avenir pour se préparer aux défis qui se posent à la science dans un monde complexe et évolutif. A l'heure précise où nous entrons dans le troisième millénaire, nous souhaitons être informés des résultats du développement de la science et savoir ce que le siècle achevé a fourni comme base de notre nouvelle civilisation. Il incombe, en effet, aux chercheurs et enseignants de contribuer au développement de l'information et de la communication en matière scientifique par une sorte de contrat tendant à expliquer les problèmes qui se posent au vingt-et-unième siècle.

Il m'a paru souhaitable de valoriser l'acquis scientifique du siècle écoulé où se sont illustrés des savants francophones, dont les travaux sont ceux de précurseurs reconnus ou méconnus. En lisant certains articles de revue sur l'histoire des sciences dans les domaines qui me sont familiers, j'ai été surpris par l'inégalité des connaissances et plusieurs inexactitudes, notamment concernant la science belge pourtant féconde. Je ne vise pas seulement les Anglo-saxons. Cette méconnaissance concerne des travaux dont la portée n'a pas été comprise à l'époque de leur publication. Il y a plusieurs raisons à cela.

a) Les articles ou les notes ont paru dans des revues qui n'ont pas été lues par les généticiens ou par ceux qui ont introduit le bactériophage dans la biologie moléculaire, comme le *Journal of Experimental Medicine* ou les *Proceedings of the Society of Biology and Medicine, les Comptes Rendus de la Société de Biologie* et encore moins le *Bulletin et Mémoires de l'Académie royale de Médecine de Belgique.*

b) Les esprits n'étaient pas préparés à accepter des découvertes ou à en saisir l'importance. C'est ainsi que beaucoup de ce qui est connu relève en fait de redécouvertes.

Je souhaitais initialement situer la part de tous les auteurs francophones de la première moitié du siècle dans le contexte des recherches menées dans le monde entier par la suite. En fait, devant l'ampleur d'une telle tâche et suivant l'avis de plusieurs lecteurs, j'ai privilégié la participation de microbiologistes belges de langue française. Parmi eux, j'ai considéré ceux qui ont plus ou moins directement conduit au développement de la biologie moléculaire. Que la bactériologie ou la virologie médicale et la microbiologie agronomique ou industrielle aient à peine été évoquées ne signifie aucunement que je veuille déconsidérer une telle contribution, mais faire état de leurs travaux ne m'aurait pas permis de donner à ce document le sens précis qu'il avait au départ. Il est normal cependant que, dans le premier chapitre, je traite de certaines données en matière de bactériologie médicale, où s'est illustré Jules Bordet, prix Nobel en 1919. Ce sont, en fait, les premières étapes de la Microbiologie en Belgique. Concernant la biologie moléculaire proprement dite, je m'étends surtout sur les travaux effectués vers 1950, juste avant l'inauguration de la *pierre philosophale en biologie*, l'ADN[10], puis au début de l'ère "biotechnologique". Ce livre pourrait paraître rébarbatif à certains, mais je répondrais par une réflexion d'Armand Delcampe interviewé par un

[10] Selon l'expression de Jacques Monod.

journaliste[11]. Le célèbre acteur et metteur en scène belge parlait de théâtre élitaire pour tous : *C'est une formule contradictoire, soit, mais comme peut l'être la vie. Est-ce que les sciences sont populaires ? Pourtant elles sont indispensables !*

Ce livre n'est pas un *Liber familiae*. Cependant, il est fait mention de mon grand-père Gustave Gratia dans le premier chapitre. En fait, je ne l'ai pas connu et je m'en remets à un texte, son rapport au Congrès international d'Hygiène de 1903, qui évoque un problème actuel à plus d'un titre. Ensuite, j'ai eu le privilège d'analyser l'œuvre de mon père, André Gratia, dans l'évolution de la pensée scientifique pendant la première moitié du siècle passé. Bien après sa mort survenue le 6 octobre 1950, elle s'est révélée importante à différents niveaux. Il a en effet accompli un travail de pionnier dans l'étude des bactériophages et a contribué à la conception moderne des virus et à la mise au point de techniques encore en usage de nos jours, également en ce qui concerne la recherche d'organismes producteurs d'antibiotiques. Il est un de ceux qui ont préparé l'avènement actuel de la Biologie, que ce soit en génétique, en virologie ou même en biologie moléculaire.

Je souhaite ainsi communiquer au lecteur l'intérêt que j'ai éprouvé en suivant l'évolution des idées et des approches expérimentales de cette première moitié du siècle écoulé (et des quelques années qui ont suivi) autour de la notion de gènes, phages et virus maintenant entrés dans le langage courant. On est nostalgique en pensant à ces êtres chers qui ont tant fait pour la science et pour le bien-être de l'humanité, mais cette nostalgie est telle *un nuage transpercé qui saigne une grosse encre bleue, comme une invitation à écrire*[12].

Jean-Pierre Gratia

---

[11] Journal *Le Soir* du 19 mai 1999.

[12] D'après une inscription à gauche d'un tableau du peintre gantois Thierry De Cordier *Inscripta Christo pagina "inktwolk"* daté du 22.01.88 (Collection Bacob, Bruxelles).

1) Afin de rendre l'ouvrage plus accessible, un tableau synoptique (p. 165) guidera le lecteur dans son information sur les matières développées, les étapes de la recherche et leurs rapports chronologiques.

2) Tout au long de l'ouvrage, *Institut Pasteur* désigne l'Institut Pasteur de Paris (la maison mère), alors que sera spécifié *Institut Pasteur du Brabant* ou, le plus souvent, son sigle IPB celui qui est situé à Bruxelles (cf. p. 20).

CHAPITRE I

Les débuts de la Microbiologie en Belgique

Le dix-neuvième siècle voit se former deux grandes écoles de la Microbiologie : d'une part, celle de France, à Paris principalement, avec Louis Pasteur, Emile Roux, Charles-Edouard Chamberland, Elie Metchnikoff... et, d'autre part, l'école de Berlin avec Robert Koch et Paul Ehrlich. Vers 1880, on voit se développer les techniques bactériologiques comme le frottis, la fixation et la coloration des bactéries sur lame. On assiste à la culture microbienne sur milieu solide, à l'isolement successif de germes pathogènes et à la découverte de toxines bactériennes. On développe le diagnostic sérologique de l'agent d'une infection par la mise au point de techniques pour la détection d'anticorps spécifiques dans le sérum d'un malade. On découvre l'immunité humorale ou cellulaire et la résistance des germes pathogènes aux mécanismes de défense. On met au point des vaccins, *etc*.

Le Belge Jules Bordet (1870-1961) entame son travail de pionnier en Immunologie en 1895 à l'Institut Pasteur dans le laboratoire d'Elie Metchnikoff, lui-même célèbre pour ses travaux sur l'immunité cellulaire (découverte de la phagocytose et de l'opsonisation). Paul de Kruif décrit ainsi Bordet jeune[1] : *He was timid, he seemed insignificant, he had careless ways and*

---

[1] P. de Kruif, *Microb Hunters* (Harcourt, Brace et Co, New York, 1926), p. 226. La caricature de Bordet en page I figure dans un autre livre de P. de Kruif, *Men Against Death* (même édition, 1932).

watery-blue, absent-minded eyes - eyes that saw things nobody else was looking for.

De retour en Belgique vers 1900, Bordet introduit l'immunologie et son utilisation dans le diagnostic des maladies infectieuses. Il est alors directeur d'un organisme qui dépend de la province du Brabant et qui, en 1903, portera le nom d'Institut Pasteur de Bruxelles, avec l'autorisation de Madame Louis Pasteur (plus tard, on l'appellera Institut Pasteur du Brabant ou IPB, du moins pendant la période à laquelle se rapporte le présent ouvrage[2]). C'est à cette époque que Bordet met au point, avec son beau-frère Octave Gengou, la fameuse réaction de fixation du complément. Cette réaction est ensuite appliquée par Auguste von Wasserman, assistant de Koch, pour la détection de la syphilis. Puis, Bordet prépare, avec Ruelens, l'antigène adéquat couramment utilisé pour cette réaction. (Plus tard, également à l'IPB, le Dr Robyn étudie un antigène lipidique obtenu à partir d'organes de lapin et met au point la préparation d'un antigène à partir d'extraits acétoniques d'organes pour le diagnostic de la syphilis par floculation).

Il me faut revenir en 1906 quand Bordet et Gengou font une avancée considérable concernant une maladie responsable de la mort de beaucoup d'enfants, la coqueluche. Koch avait basé sa technique de culture en milieu solide sur l'observation de colonies microbiennes poussant sur une tranche de pomme de terre. C'est également sur un milieu à base de pomme de terre que Bordet et Gengou isolent le bacille de la coqueluche. Ils mettent alors au point un milieu à base d'amidon et de glycérine pour isoler et cultiver ce microbe qui est un cocco-bacille à Gram négatif. Très petit, il est peu aisé à mettre en évidence par les voies habituelles. Il sera appelé *Bordetella pertussis*. Ils précisent la pathogénie de la maladie en montrant que l'on peut extraire du microbe une endotoxine très active provoquant, même à faible dose, des ecchymoses disséminées. Puis ils préconisent le chauffage de ces bactéries, cultivées massivement sur leur milieu, appelé ensuite milieu de Bordet-Gengou, pour

[2] En 1993, le Brabant est scindé en deux provinces à régime linguistique distinct (accords de la Saint-Michel) et l'Institut reprend sa dénomination initiale d'Institut Pasteur de Bruxelles avec le même sigle, IPB.

mettre au point un vaccin que l'IPB prépare régulièrement, en tout cas pour la Belgique et le Nord de la France. On doit aussi à Bordet une contribution importante dans l'étude des mycoplasmes, dont *Mycoplasma pneumoniae*, agent d'une pneumonie atypique, et qui a fait l'objet des travaux d'Edmond Nocard, vétérinaire d'Alfort, notamment avec Emile Roux et Amédée Borrel. La détection de l'infection par cette bactérie difficile à mettre en évidence se fait indirectement par la recherche d'anticorps fixateurs du complément.

Bien que la recherche en Microbiologie et en Immunologie fût d'un très haut niveau à l'Institut Pasteur du Brabant, il ne faut pas croire que ces disciplines n'aient été introduites dans les universités belges qu'à Bruxelles. En 1839, deux ans après son travail sur la fermentation alcoolique, Theodor Schwann vient de Cologne enseigner à Louvain, puis à Liège en 1848. En 1887, paraît aux éditions Manceaux un traité écrit par le professeur C. Flügge de Breslau, traduit en français par F. Henrijean, alors assistant à l'Université de Liège, mais qui avait travaillé à Göttingen aux côtés de Flügge. Celui-ci y avait cotoyé Robert Koch alors passé à Berlin. Charles Firket, anatomo-pathologiste et l'un des premiers pionniers de la cancérologie expérimentale, a préfacé la traduction du livre de Flügge avec l'idée d'introduire dans les universités belges des notions de Bactériologie et d'associer cette discipline à la pratique médicale à l'instar de Paris. Il est lui-même l'auteur avec Bizzozero d'un traité de microscopie clinique dont la 3ème édition date de 1888 ; y sont décrites des techniques d'étude des bactéries. Son élève Ernest Malvoz, connu pour avoir découvert un nématode du genre *Ancylostoma* responsable de l'anémie professionnelle des mineurs, publie aussi des travaux de bactériologie, notamment sur l'agglutination du bacille typhique[3]. Nous sommes alors en 1897 ; J. Bordet publie ses travaux comme "préparateur à l'Institut Pasteur" à Paris, alors que son beau-frère Gengou travaille déjà à l'Institut d'Anatomie pathologique et de Bactériologie de l'Université de Liège dans l'entourage de Malvoz. C'est sur le conseil de celui-ci et de Firket que Gengou compare l'immunité naturelle d'un Protozoaire (*Paramoecium*) à

---

[3] E. Malvoz, *Ann. Inst. Pasteur* (1897) **11**, 582.

celle des animaux supérieurs vis-à-vis des toxines tétanique et diphtérique[4]. La même année, à l'Université de Gand, Emile van Ermengem, disciple de Claude Bernard et de Robert Koch, isole pour la première fois l'agent du botulisme, *Clostridium botulinum*, dans du jambon plongé dans la saumure 24 heures après l'abattage d'un porc[5]. En 1899, J. Denys, anatomo-pathologiste lui aussi et collaborateur du cytologiste Jean-Baptiste Carnoy, fonde l'Institut de Bactériologie de l'Université de Louvain ; le médecin Richard Bruynoghe s'y installe et y donne son premier cours de Bactériologie en 1911.

Encore vers 1900, la Belgique voit se développer la microbiologie à une autre occasion. Koch, qui avait découvert l'agent responsable de la tuberculose humaine, *Mycobacterium tuberculosis* (ou BK pour bacille de Koch), montre l'extraordinaire spécificité d'hôte des Mycobactéries. Mais il la pousse à l'excès car, pour lui, *M. tuberculosis* et M. *bovis* sont des espèces distinctes qui causent la tuberculose chez l'homme et le bœuf respectivement et spécifiquement. En 1901, il fait en plein Congrès d'Hygiène la déclaration suivante qui y produit une émotion considérable comme on peut aisément le concevoir à cause de ses conséquences possibles :

1) la tuberculose humaine diffère de la tuberculose bovine et ne peut être transmise au bétail ;

2) la transmission à l'homme de la tuberculose du bétail par le lait ou la viande est à peine plus fréquente que la tuberculose héréditaire ; par conséquent, il n'est pas nécessaire de prendre de mesure contre elle.

C'est alors que la Belgique, parmi d'autres pays, désigne un responsable qui doit répondre à la grave question de savoir si oui ou non on peut boire sans crainte du lait de vache sans le faire bouillir. Il s'agit de Pierre Eugène Gustave Gratia, né à Virton en 1855, médecin vétérinaire et docteur en médecine. Professeur à

---

[4] O. Gengou, *Ann. Inst. Pasteur* (1898) **12**, 465.

[5] E. van Ermengem, Über einen neuen anaeroben *Bacillus* und seine Beziehungen zum Botulismus, *Zeitsch. f. Hyg. u. Infektionskr.* (1897) **26**, 1, Traduction en anglais dans : *Rev. Infect. Dis.* (1979) **1**(4), 701.

W. Hansen et J. Freney, Le botulisme et sa découverte, *Lyon pharmaceutique* (1996) **47**, 406.

l'Ecole vétérinaire de Cureghem en 1883, puis recteur de cette institution, il est élu président de l'Académie de Médecine de Belgique en 1919 et membre étranger de l'Académie de Médecine de Paris en 1921[6]. Bien que spécialiste en anatomo-pathologie, Gustave Gratia s'est intéressé à la question de l'inoculabilité de la tuberculose animale à l'homme à la suite d'observations au cours de sa carrière médicale, notamment dans les fermes où la tuberculose osseuse sévit et engendre des bossus et des pieds-bots.

A la suite d'une analyse bibliographique très fouillée, il rapporte une expérience téméraire d'auto-inoculation que le Dr Garnault fit au niveau de son propre avant-bras. La pulpe d'un ganglion tuberculeux de vache, riche en bacilles, est déposée sur la peau privée de son épiderme ou dans le tissu cellulaire sous-cutané. Elle entraîne la formation de lésions locales qui sont extirpées à temps pour prévenir l'extension de la maladie. Les tissus enlevés présentent des tubercules avec cellules géantes, mais sans que l'on puisse affirmer qu'il en aurait résulté une tuberculose.

Deux ans plus tard, le professeur G. Gratia fait le bilan des publications de l'époque et de ses propres expériences. Dans ce rapport, il relate un fait dont il est directement impliqué. Un jeune fermier se blesse à la face dorsale de l'index gauche, en écorchant une vache déclarée impropre à la consommation pour cause de pommelière généralisée[7]. La coupure ne cesse de s'accroître malgré le traitement appliqué par un médecin. Dix-sept mois plus tard, Gratia reconnaît une tuberculose verruqueuse de la peau et enlève tout le tissu infecté. La guérison est obtenue en quelques jours. L'analyse du fragment enlevé lui révèle la présence de tubercules bien nets avec cellules géantes. Il inocule une partie dans deux cobayes par injection intra-péritonéale et par insertion

---

[6] En page II est reproduit un dessin représentant le jeune professeur ; il figure dans un journal des étudiants de l'Université de Bruxelles paru en 1892 (*Il était une idole pour ses élèves,* écrira P. Rubay). Son père, *Léon,* exerçait aussi la médecine vétérinaire et ses deux frères étaient également l'un vétérinaire et l'autre médecin (ce qui faisait dire par leur entourage qu'à eux trois ils formaient deux médecins et deux vétérinaires).

[7] La pommelière est une forme de tuberculose caractérisée par la formation de nodules surtout au niveau des ganglions

dans un godet sous-cutané. Ces deux cobayes meurent avec les lésions habituelles de la tuberculose ; ils renferment des bacilles de Koch. Ceux-ci provenaient initialement de la vache tuberculeuse et avaient infecté le fermier.

Enfin et surtout, G. Gratia inocule des BK de provenances bovine et porcine aux singes *Macacus rhesus* et *Cercopithecus callithrix*. Ses expériences sont développées en détail dans un long rapport dont les conclusions sont acceptées et présentées au XIIIe Congrès international d'Hygiène en 1903. Il les résume comme suit : *Dans l'état actuel de nos connaissances, on doit admettre que la tuberculose humaine et la tuberculose des animaux domestiques forment une seule et même espèce morbide due à une seule et même espèce microbienne : le bacille de Koch*[8].

Il faut noter que le singe *Macacus rhesus*, dont s'est servi Gustave Gratia dans ses expériences d'inoculation, a récemment été cloné pour l'expérimentation parce que son ADN correspond à 98% de l'ADN humain. Ce fut donc un bon choix sur le plan scientifique. Sur le plan moral, c'est une autre question. Ses expériences réussies, G. Gratia fut très affecté par la mort de ses singes et, comme Jules Bordet et Albert Brachet, il fut violemment pris à partie par la ligue anti-vivisectioniste.

Dès ce moment, on prend la décision de bouillir le lait de vache. En effet, pour beaucoup de fermiers, le lait est meilleur quand le pis de la vache trempe dans la bouse ou dans les épandages de matières fécales d'origine humaine ("engrais flamand" utilisé en France comme en Belgique).

Si ne bouillez de votre lait
Tout ce qu'il enferme d'immonde
En vérité, pour l'autre monde
Prenez tout de suite un billet [9]

---

[8] G. Gratia, Rapport au XIIIème Congrès international d'Hygiène (1903), p. 149.

[9] Traduction française du petit poème de la fille Orchid du Dr. Almus Pickerbaugh : *Boil the milk bottles or by gum, You better buy your ticket to Kingdom Come, in* : Sinclair LEWIS, *Arrowsmith*, (Harcourt & Brace, New York, 1925).

Ainsi, la Belgique gagne des points sur l'école de Berlin, une fois de plus si on se souvient que Bordet s'était opposé, avec succès, à l'autre grand berlinois, Paul Ehrlich, dans le domaine de l'immunologie. Une première raison de s'intéresser au BK concerne notamment sa virulence actuelle. Les malades atteints du syndrome d'immunodéficience acquise (Sida) sont, en effet, un réservoir pour ce germe qui peut s'y développer et avoir ainsi l'occasion de muter.

L'autre raison est que le problème de la barrière entre l'homme et l'animal, combattue notamment par G. Gratia, se reproduit encore de nos jours au sujet d'autres agents infectieux de très grande importance : les prions responsables de la maladie de Creutzfeldt-Jakob et de l'encéphalopathie spongiforme bovine (ESB). Il semblerait que le prion de l'ESB soit un variant de l'agent de Creutzfeldt-Jakob capable de causer une encéphalopathie chez la vache et qu'il y ait transmissibilité de l'animal à l'homme.

Le genre *Mycobacterium* est intéressant à plusieurs égards, même dans d'autres domaines que la médecine (on aurait reconnu dans certaines souches une activité biodégradante de substances polluantes[1]). Les Mycobactéries sont aussi des micro-organismes remarquables par leur morphologie complexe, dont la variabilité et les interactions avec leurs "hôtes privilégiés" intéressent le généticien et l'écologiste. Les conclusions du rapport mentionné plus haut annoncent des notions intéressantes à cet égard. Gustave Gratia y écrit notamment[2] : *S'il existe des modalités variables du type morbide, il existe aussi des modalités non moins variables du bacille tuberculeux, relatives à sa forme, à ses cultures et à sa virulence... On peut ajouter que, parmi les caractères d'un spécimen de bacille tuberculeux quelconque, il n'en est aucun que ne puissent posséder ou acquérir les autres spécimens du même bacille. Les différences observées entre les divers représentants de l'espèce bacille de Koch reconnaissent comme facteur principal l'influence du milieu qui leur sert d'habitat ordinaire, car on peut les effacer ou les faire apparaître artificiellement en modifiant les conditions*

---

[1] Cf. colloque de la Société française de Microbiologie sur les Cultures mixtes le 18 mars 1999 à Compiègne

[2] G. Gratia, *loc. cit.*

d'existence de ces microorganismes en terrains vivants ou inertes...

Ces phrases ont été écrites à une époque où les idées sur les variations, l'évolution et donc l'aspect génétique des bactéries étaient quasi inexistantes. Il faut regretter que, sous l'influence de Ferdinand Cohn et de Robert Koch, les bactériologistes de cette époque aient, pour la plupart, considéré que la bactérie était immuable et monomorphique. A l'opposé, d'autres attribuaient le statut de nouvelles espèces à des variants. En s'opposant à ces deux thèses, Gustave Gratia. apparaît donc comme un précurseur en la matière.

Mais, le milieu est-il vraiment le facteur principal des variations ? Qu'en sait-on aujourd'hui ? Les laboratoires de Cole et de van Embden, notamment, ont montré, séquençage à l'appui, que l'ADN du *M. tuberculosis* est très polymorphe et que ce polymorphisme résulte de l'insertion de séquences portant des gènes d'origines diverses entre séquences répétitives assez nombreuses. Parmi les souches séquencées, deux souches d'origine humaine sont classées parmi les *M. bovis* et une souche a un phénotype intermédiaire entre *M. tuberculosis hominis* et *M. bovis*[3].

[12] S. T. Cole *et al.*, *Nature* (1998) **393**, 537 ; J. D. A. van Embden *et al.*, *J. Bacteriol.* (2000) **182**, 2.

CHAPITRE II

Qui est l'ami de Martin Arrowsmith ?

Martin **Arrowsmith** est le héros imaginaire du livre de Sinclair Lewis qui raconte la vie d'un jeune médecin américain dévoué à la recherche bio-médicale, en particulier dans le domaine des maladies infectieuses. C'est Paul de Kruif, bactériologiste travaillant au Rockefeller Medical Center, qui a servi de modèle. Il est devenu lui-même écrivain. En 1920, le jeune physiologiste André Gratia quitte la Belgique pour poursuivre ses recherches sur la coagulation du sang dans différentes institutions étrangères, à Paris d'abord, à New York ensuite. Au Rockefeller Institute, il se lie d'amitié avec de Kruif. C'est ainsi que cet écrivain scientifique a fourni à Lewis beaucoup d'informations sur les travaux de médecine et de bactériologie en cours, où il est question de son ami.

André Léon Edouard **Gratia** est né le 8 juillet 1893 à Saint-Gilles (Bruxelles 6). Il étudie la médecine à l'Université de Bruxelles (ULB) dès 1910. Elevé dans une famille composée d'un père franc-maçon, Gustave Gratia, d'une mère catholique, Eugénie Solvay, et d'une gouvernante protestante, il avait cependant un penchant naturel pour la lecture d'ouvrages dus à des intellectuels libre-penseurs plus préoccupés de ce que la science peut apporter de possible. Il se plaisait à dire qu'à l'école il était premier partout, sauf en catéchisme où il était dernier. Ses contacts avec les soldats de la guerre 1914-1918 contribuèrent à sa formation morale et sociale et il prendra ses distances vis-à-vis de la bourgeoisie de son époque.

Pendant ses études de médecine, il ne se contente pas de suivre les cours : il s'adonne déjà à la recherche en physiologie. En 1919, aux termes de ses études de médecine interrompues par la guerre, il présente une thèse de Doctorat spécial en Physiologie qui lui vaut le Prix Glüge. Il part ensuite à Paris pour continuer ses recherches sur la coagulation du sang, dans le service de Christian Delezenne, avant de se rendre à New York. Il montre que le mécanisme de la coagulation du sang due au staphylocoque et découverte par Jacques Loeb en 1903 est différent de celui exercé par la thrombine. Cette coagulation est due à une enzyme qu'il appelle *staphylocoagulase*, terme universellement adopté depuis. Elle constitue encore un caractère important de diagnostic en bactériologie.

Comme Fellow de la Rockefeller Foundation en 1920, A. Gratia travaille au Rockefeller Institute for Medical Research Institute dans le laboratoire de S. Flexner. Attiré par la forte personalité de J. Loeb, il fréquente volontiers son laboratoire où il collabore avec Phoebius Levene. Là, il se lie d'amitié avec John (Jack) H. Northrop, célèbre pour ses travaux en enzymologie et qui exercera sur lui une excellente influence ; ils se retrouveront en 1938, encore au Rockefeller Center, non plus à New York mais à Princeton[1].

Après son séjour à New York, il entretient avec Paul de Kruif une correspondance suivie et écrit lui-même la traduction française de *Microb Hunters*, mais qu'il n'aura pas l'occasion de publier (cette traduction a été faite ultérieurement par Marabout Université). Ce travail lui aura néanmoins servi car, comme le dit Maurice Welsch, recteur de l'Université de Liège[2], *Gratia fut alors amené à se poser les questions les plus actuelles en se référant à une perspective résolument historique et à fonder très largement son enseignement sur une analyse critique de l'histoire de la bactériologie*.

---

[1] La photo de Northrop en page v est tirée du roman de P. De Kruif *Men Against Death*.

[2] M. Welsch, Liber memorialis, Université de Liège, Notices biographiques (1966), **2**, p. 615.

Parmi ses voisins de laboratoire au Rockefeller Institute, Peter K. Olitsky, désireux de lui rendre service, signale à Gratia l'existence d'un mémoire traitant des variations chez les méningocoques dans le tome 2 de la revue *The Lancet*[3]. En cherchant l'article en question dans ce volume, Gratia tombe par hasard sur un autre article intitulé *An investigation on the nature of ultramicroscopic viruses* et signé par un certain Twort en 1915. Il le lit et acquiert la conviction que le phénomène décrit par cet auteur est un des aspects possibles de la bactériophagie décrite par d'Hérelle deux ans après Twort. Il s'ensuit une période de travail intense où il isole un staphylophage et démontre l'identité des phénomènes de Twort et de d'Hérelle. Rentré en Belgique, Gratia commence en 1921 sa carrière universitaire, non plus cette fois au service de Physiologie, mais au département de Bactériologie, plus précisément, dans les laboratoires de recherche de l'Institut Pasteur du Brabant. Il connaissait d'ailleurs fort bien Bordet depuis ses recherches sur la coagulation du sang. Pendant son séjour aux USA, il était déjà en contact avec son nouveau patron occupé à étudier le "phage" lui aussi. Mais, contrairement aux allégations de la plupart des auteurs d'articles ou d'ouvrages sur la question, il y a pas eu vraiment de filiation de Bordet à Gratia dans l'étude du bactériophage en Belgique. En effet, Gratia avait abordé cette étude dans les circonstances décrites plus haut. D'ailleurs, tout au long de cette "co-habitation", ces auteurs publieront leurs résultats d'expériences chacun de leur côté et leurs conclusions seront de plus en plus divergentes. En effet, Bordet considère que le phage est un produit bactérien et que cette propriété de produire du phage, qui est inscrite dans la trame même de la bactérie, dépend des conditions physiologiques de celle-ci. Par contre, après quelques expériences avec son ami Désiré Jaumain et avec d'autres, Gratia se rallie plutôt à la thèse du phage-virus, même si précédemment, au Congrès de Glasgow en 1922, il défendait les vues de son patron considérant, à juste titre d'ailleurs, qu'il était encore difficile de conclure sur la nature

[3] Il ne s'agit pas du bactériologiste suisse allemand L. Olitsky, auteur d'un travail sur un antagonisme entre bactéries dont question dans le chapitre suivant.

virale de ce qu'ils appelaient alors le "principe lytique". Bordet d'un côté, Gratia de l'autre ne sont pas les seuls en Belgique à travailler sur le bactériophage. Il en sera question plus loin. Il faut retenir que, dans l'évolution de sa pensée, c'est à l'occasion de la lyse par les phages que Gratia est amené à étudier les phénomènes d'antibiose.

Il s'ensuit alors une cascade de découvertes faites au cours de recherches délibérées, elles-mêmes le fruit de déductions, observations et expériences nombreuses et inhabituelles dans le chef d'un chercheur pendant un laps de temps aussi court, de 1923 à 1926. Pendant cette période, il publie une vingtaine de notes principalement sur les matières des chapitres III et V, à savoir :

a) *"l'isophagie staphylococcique"*, ou l'activité lytique de suspensions de staphylocoques à l'égard de staphylocoques tués ;

b) la *"mycolyse"* (destruction du staphylocoque, mort ou vivant, par lyse complète due aux produits de sécrétion d'un Actinomycète qu'il appelle par un terme usité à l'époque, "Streptothrix") ;

c) la destruction du bacille charbonneux par les filtrats de culture d'un *Penicillium* mal identifié ;

d) la *colicinogénie*, consistant en la production par une souche d'*Escherichia coli*, isolé dans le sang d'un cobaye mort de septicémie, d'un antibiotique agissant spécifiquement sur les bactéries de la même espèce ou d'une espèce apparentée.

Il n'en fallait pas plus pour être un chercheur heureux, mais une longue et pénible maladie le force à interrompre ses activités et à abandonner son projet d'étudier plus avant l'antibiose exercée par son *Penicillium*. Malheureusement, après son retour au laboratoire en 1929, il retrouve sa souche morte : on ne connaîtra donc pas la substance produite. Il ne s'en remettra jamais et on peut le comprendre.

En 1932, après une incursion substantielle dans un certain domaine de l'immunologie, qui ne semble que peu se rattacher à sa ligne de pensée dominante et que je ne développe pas ici, il est nommé professeur de Bactériologie à l'Université de Liège, succédant ainsi à Ernest Malvoz. Son influence sur les jeunes médecins et chercheurs biomédicaux est remarquable. La virologue belge bien connue, Lise Thiry, se rappelle le jour où elle apprend la vacance d'une place de collaborateur à l'Institut Pasteur du Brabant en 1946. Dans ses mémoires, elle écrira un peu malicieusement : *...je me rappelle avoir vibré à mon cours de Bactériologie, grâce à André Gratia, professeur plein de fougue, et même chercheur un peu illuminé. Je sens se raviver une petite flamme oubliée...*[4] Un autre de ses disciples, le mycologue médical Raymond Vanbreuseghem, dédie en 1952 la deuxième édition du traité de Mycologie de Langeron en hommage à cet auteur et à la mémoire de *Gratia qui fut un précurseur dans le domaine des antibiotiques*[5].

Resté très attaché à la cause de la recherche, qu'il défendra bec et ongles à l'Université de Liège, Gratia y fera nommer le physio-pathologiste Zénon-Marie Bacq (qui, avec Walter Cannon, découvrit la sympathine, un médiateur chimique des terminaisons nerveuses d'une très grande importance). En 1946, il se battra pour la promotion académique des chercheurs dans un "Projet pour l'amélioration du recrutement du personnel scientifique des Universités" qui reste en partie d'application encore de nos jours.

Dès son installation à Liège en 1932, il commence une nouvelle carrière de chercheur : celle de virologue. En effet, il veut savoir si le phage est bien un virus et il le compare à des virus qui font leur apparition dans la littérature. C'est d'abord l'occasion de lancer de nouvelles techniques d'étalement et d'infection, une nouvelle approche d'étude basée sur la sérologie et même sur la biophysique (ultracentrifugation) et, plus tard, la biochimie avec Jean Brachet et Raymond Jeener. Cette période est d'un enrichissement considérable.

Le rapport de Gratia sur un second voyage aux USA en 1939[6], en qualité *d'Advanced Fellow* de la CRB, relate avec une

---

[4] L. Thiry, *Marcopolette, Mémoires 1921-1977* (Les Eperonniers, Sciences pour l'homme, 1999) p. 175

[5] M. Langeron et R. Vanbreuseghem, *Précis de Mycologie*, 2e édition (Masson et Cie, Coll. Précis Médicaux, Paris, 1952) p. VIII

[6] A. Gratia, Relation of a Recent Trip to the United States. *Bull. Alumni*, **11** (Duculot, Gembloux, 1940) nos 4-5.

pointe d'humour ses rencontres avec ses anciens collègues et amis de là-bas. A la lecture de ce rapport et d'autres documents, on a le sentiment qu'il aurait exercé une influence déterminante sur l'évolution de la recherche sur les phages et les virus aux Etats-Unis et, ce, malgré l'absence d'allusion à ses travaux par beaucoup de membres du "Groupe Phage". Lors d'un séjour à Londres, en 1960, je prenais le thé en face d'un virologue américain ; il ne cachait pas son enthousiasme et son admiration pour l'auteur de notes pourtant écrites en français, non seulement sur les phages, mais aussi sur les virus de plantes et virus d'insectes. Il me revient donc de disséquer cette oeuvre dans le contexte des idées sur les virus avant 1950 dans les chapitres IV à VIII, où le lecteur se rendra compte de l'impact que ces travaux ont eu - et auraient pu en avoir davantage - sur l'évolution de la recherche.

Malgré une notoriété grandissante, Gratia butera sur des problèmes financiers, par exemple, pour faire aboutir le développement de la microscopie électronique en proposant d'accorder une aide efficace à l'ingénieur L. Marton et regrettera amèrement le manque de foi et d'audace des commissions scientifiques consultatives. Ce seront finalement les Américains, dont Thomas Anderson, qui publieront le travail que Liège aurait pu faire et Marton a été contraint de faire carrière aux USA.

Au lendemain de la guerre, c'est l'apothéose autour de Ernst Boris Chain, Alexander Fleming, Howard Florey, Jacques Trefouël et Selman Waksman. Très modeste, André Gratia leur rend un vibrant hommage. Lors de la remise du diplôme de *Docteur Honoris Causa* à ces personnalités par l'Université de Liège en 1946, Waksman demande que la photo en page XII figure dans le livre de Philip Rhodes *with the hope that it will be of interest to those concerned with the history of antibiotics and chemotherapy*.

A cette occasion, l'Université de Liège s'est vue dotée d'un nouveau et grand laboratoire avec une usine-pilote qui deviendront le Centre de Recherches sur la Pénicilline et autres Antibiotiques (CRPA), dont la direction est confiée, en 1947, à

LES

MICROORGANISMES

ÉTUDIÉS SPÉCIALEMENT AU POINT DE VUE

DE

L'ÉTIOLOGIE DES MALADIES INFECTIEUSES

PAR

Le Dr C. FLÜGGE,

Professeur ordinaire et directeur de l'Institut d'hygiène à l'Université de Breslau.

TRADUIT DE L'ALLEMAND D'APRÈS LA SECONDE ÉDITION,

PAR

Le Dr F. HENRIJEAN,

Assistant à l'Université de Liège.

PRÉFACE PAR M. C. FIRKET,

Professeur à l'Université de Liège.

AVEC 144 FIGURES DANS LE TEXTE.

Prix : 20 francs.

BRUXELLES

A. MANCEAUX, LIBRAIRE-ÉDITEUR

Rue des Trois-Têtes 12 (Montagne de la Cour)

MÊME MAISON : 17 rue de l'Impératrice et 1 place de l'Université.

1887

Page de titre d'un traité de Bactériologie par C. Flügge (traduit par P. Henrijean).

En haut, l'Institut Pasteur du Brabant construit en 1901 dans la rue du Remorqueur à Bruxelles, actuellement remplacé par un autre bâtiment pour cette fonction.

En bas, caricature de Jules Bordet (signée Ochs ; *in* : P. de Kruif, *Men against Death* (Harcourt & Co, NewYork, 1932) p. 236. *A droite*, Gustave Gratia (*in :* Journal des étudiants de l'Université de Bruxelles (ULB), 11 juin 1892 - N°41).

En haut, l'Institut de Bactériologie de la Faculté de Médecine de l'Université de Louvain fondé par J. Denys en 1899.

En bas, René Appelmans, devenu professeur de chirurgie dans cette Faculté après avoir participé à l'étude des bactériophages.

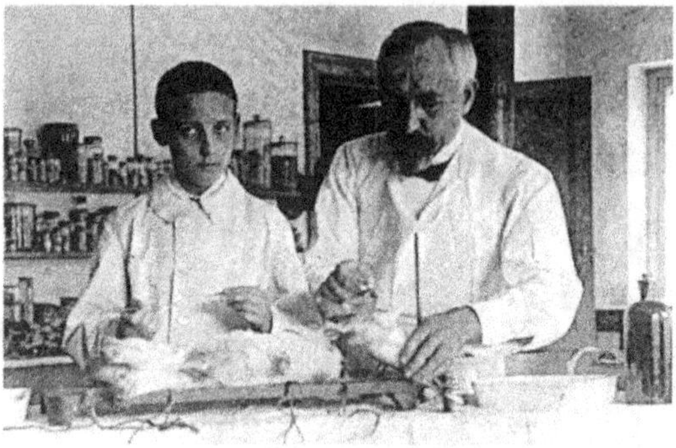

LE ROLE DU CONTACT

DANS LA

COAGULATION DU SANG

DIMINUTION

DE LA

TENEUR EN SÉROZYME

DU SANG CONSÉCUTIVE A L'ANÉMIE DU FOIE

PAR

ANDRÉ GRATIA

ÉTUDIANT EN MÉDECINE

(LABORATOIRE DE PHYSIOLOGIE DE L'UNIVERSITÉ LIBRE DE BRUXELLES)

Extraits du *Bulletin de la Société Royale des Sciences médicales et naturelles de Bruxelles*, nº 4, avril 1914.

BRUXELLES

IMPRIMERIE SCIENTIFIQUE CHARLES BULENS

SOCIÉTÉ ANONYME

75, RUE TERRE-NEUVE, 75

1914

En haut, Gustave Gratia à l'Ecole de médecine vétérinaire de Cureghem (Bruxelles) vers 1908, assisté de son fils André adolescent.

En bas, page de titre d'un article de physiologie par A. Gratia encore étudiant en médecine.

En haut, Jack Northrop, *in* : P. de Kruif, *Men against Death* (Harcourt, Brace & Co, New York, 1932) "frontispiece".

En bas, Paul de Kruif assis à son bureau au Rockefeller Institute en 1920 avec André Gratia (*à gauche*).

MICROBE HUNTERS

by
PAUL DE KRUIF

"The gods are frankly human, sharing in the weaknesses of mankind, yet not untouched with a halo of divine Romance."
E. H. BLAKENEY.

To André
Edouard Jean
Gratia —
Souvenir amicale
from
Toss - Pat —

New York
HARCOURT, BRACE AND COMPANY

Première page du livre bien connu de P. de Kruif (édition de 1926), qui a fait l'objet d'une traduction non publiée d'A. Gratia, avec autographe de l'auteur.

A. Gratia, vers 1924, dans son laboratoire de l'Institut Pasteur du Brabant, puis, en 1931, dans le laboratoire de la Faculté de Médecine de l'Université de Bruxelles (ULB) avec, *à gauche*, J. Alexander et, *à droite*, Willy Mutsaars. Le bâtiment correspondant, situé boulevard de Waterloo, est actuellement occupé par le Ministère belge de la Justice.

En haut, Gratia, en 1935, dans la cour de l'Institut de Pathologie, rue des Bonnes-Villes à Liège (*coin inférieur gauche)*, attenant à l'hôpital universitaire actuellement démoli ; *au second-rang, à droite,* Maurice Welsch et, *à gauche*, Paul Manil ; *de part et d'autre*, personnel du Service d'analyse du Fonds Malvoz.

En bas, personnel du laboratoire de Bactériologie après la guerre avec, autour de Gratia, Gilberte Demelenne-Jaminon *à gauche* et, *au second rang, de gauche à droite*, Joseph Thibault, Pierre Fredericq et Raymond Jeener.

Maurice Welsch. Cette désignation était tout à fait opportune, car Welsch, alors qu'il était affecté pendant la guerre au Service de santé des Forces armées belges de Grande-Bretagne, avait été consulté à diverses reprises par les autorités responsables de la santé publique sur des problèmes relatifs aux antibiotiques. Il eut ainsi l'occasion d'attirer leur attention, et en particulier celle du Dr Marteaux, qui deviendra ministre en 1946, sur les travaux de Gratia et sur la nécessité de disposer d'un équipement pour la culture en grand des micro-organismes. Et, de fait, le CRPA fut équipé de fermenteurs géants.

Gratia avait alors la responsabilité de l'utilisation de la streptomycine dont les médecins faisaient souvent un usage abusif. Son emploi est encore plus limité actuellement à cause des effets, observés plus tard, sur l'ouïe notamment. Le brouillon d'une lettre adressée à Waksman est révélateur à cet égard : *Dear professor Waksman, Since your visit in Liège, I have been extremely busy and the streptomycin, for instance, was - and still is - the cause of great worries. Since last November* (1946) *Doctor Marteaux, the former Minister of Public Health you know, entrusted me with the mission of conducting the rational use of the small amounts that Belgium is monthly afforded by the American Government...*

Un demi-siècle s'est donc écoulé depuis la disparition d'André Gratia, survenue le 6 Octobre 1950. Mais le souvenir de l'œuvre comme de l'homme est resté actuel. L'hommage de Pierre Lépine devant la Société Française de Microbiologie est significatif : *Depuis ses premiers travaux sur l'activité coagulante du staphylocoque et sur l'isolement de son principe actif, la staphylocoagulase, jusqu'à ses dernières recherches sur les antibiotiques, Gratia a abordé presque tous les sujets qui ont fait, dans le domaine de la bactériologie* (et de la virologie, dois-je ajouter), *l'objet des découvertes les plus marquantes, mais il ne l'a pas fait, comme trop de chercheurs, à la remorque des travaux d'autrui ou à l'occasion d'une passagère actualité ; esprit éveillé, chercheur ardent et original, il a été, sur presque tous les sujets qu'il a abordés, un véritable précurseur, entrevoyant ou bien ouvrant des voies nouvelles dont la suite a démontré la valeur théorique et pratique...* Dans un autre hommage, Roger Herriott écrit : *He* (Gratia) *will long be remembered for his keen perception of the functioning of biological processes and his pioneering work in the field of viruses.*

Dans la même lettre, Herriott ajoute : *I particularly enjoyed his keen sense of humor.* Le professeur Jeener raconte qu'au lendemain de l'accueil qui lui était réservé à l'Université de Liège en 1941, ainsi qu'à Jean Brachet parmi les chercheurs de l'Université de Bruxelles fermée par l'occupant, Gratia avait réussi à décrocher une bourse pour eux chez un baron philanthrope ; il le leur avait annoncé en dansant dans son laboratoire. Il dirigeait son service avec fermeté mais aussi avec humour. Alors qu'il priait un préparateur de se procurer des ampoules aux magasins généraux, l'employé de ce service, gonflé de son importance, réclamait une justification du Professeur. Celle-ci ne s'était pas faite attendre : *Je veux des lampes pour voir clair !*

CHAPITRE III

Antibiose, bactériolyse et écologie microbienne

Quand une cellule meurt, que ce soit une bactérie, une amibe ou un globule blanc, les causes et les mécanismes en jeu sont nombreux. On parle beaucoup aujourd'hui de mort programmée de cellules, parce qu'elle constitue une étape dans le processus de développement. Quand un virus, par exemple un bactériophage, infecte une cellule et qu'il s'y développe, la mort de la cellule-hôte s'ensuit et celle-ci constitue l'étape ultime dans le développement du virus. Dans le cas de certains bactériophages (ou phages) dits virulents, la mort est programmée dès le départ, indépendamment de la lyse qui suivra leur développement ; un signal est donné au moment de la liaison d'une protéine du bactériophage avec une cible dans l'enveloppe de la bactérie.

Bactéries nécrophages

Au moment où le phage est découvert, les observations se succèdent mais leurs interprétations divergent. Il y a notamment beaucoup de controverses quant à la signification du phage comme forme d'antagonisme microbien. C'est alors qu'intervient cette démarche qui, chez Gratia, va se traduire par une évolution vers l'antibiose ainsi qu'il a été mentionné dans le chapitre précédent. Quand cet auteur étudie la lyse par le phage, il observe incidemment que des préparations suffisamment diluées de staphylophages ne provoquent la lyse bactérienne qu'après une longue période d'incubation, donc pendant la période stationnaire où il n' y a guère de divisions. Avec Bernice Rhodes, Gratia publie d'abord qu'un staphylophage peut effectivement lyser de vieilles cultures et même des suspensions de germes tués par chauffage à 60°C. Puis ils découvrent que ce n'est pas seulement le phage qui est responsable du phénomène observé mais aussi bien l'introduction avec le phage d'un petit nombre de staphylocoques vivants car la dissolution des bactéries chauffées est régulièrement obtenue après simple addition de quelques staphylocoques vivants sans qu'il soit nécessaire d'introduire du phage. C'est ainsi qu'ils découvrent ce qu'ils appellent l'*isophagie staphylococcique*[1].

Beaucoup plus tard, Maurice Welsch et Jacques Salmon se penchent sur les phénomènes d'autolyse staphylococcique en général. Ces chercheurs basent leur recherche non seulement sur l'isophagie staphylococcique, mais aussi sur une autre observation due à Désiré Jaumain, compagnon de travail et ami de Gratia à l'IPB[2]. Selon cette observation, les cultures de *Staphylococcus aureus* pleinement développées en bouillon se clarifient très rapidement si on les met en anaérobiose. Welsch montre qu'en fait l'autolyse est favorisée par un changement relatif des conditions d'oxydoréduction du milieu sans qu'il y ait une anaérobiose poussée. Contrairement à Gratia et Rhodes, selon qui l'isophagie serait l'expression d'un phénomène de nutrition, Welsch et Salmon observent que ce phénomène se manifeste aussi bien dans un milieu nutritif complet. Ils mettent en évidence une lysine staphylococcique qui dissout les corps microbiens chauffés de *S. aureus* et également de quelques espèces voisines.

Rappelons que Gratia et Rhodes avaient initialement observé le phénomène après infection par du staphylophage, puis avaient

---

[1] A. Gratia et B. Rhodes, *C. R. Soc. Biol.* (1924) **91**, 640.

[2] D. Jaumain, *C. R. Soc. Biol.* (1922) **87**, 790 ; M. Welsch et J. Salmon, *Ann. Inst. Pasteur* (1950) **79**, 803. Les travaux faits à l'IPB (Institut Pasteur du Brabant) sont antérieurs à 1932, ceux de Welsch sont effectués à Liège.

noté que le phénomène ne nécessitait pas l'infection par celui-ci. En fait, comme on l'a vu plus tard, il y a plusieurs lysines produites : la virolysine due à l'infection par le phage et des autolysines dues au staphylocoque lui-même. On a aussi mis en évidence une endopeptidase, la lysostaphine, qui est active sur les bactéries vivantes[3].

Antibiose et écologie microbienne

En 1924, Gratia s'interroge alors : *Le microbe vivant a trouvé dans l'émulsion microbienne un milieu de culture ; il s'y est développé en dissolvant les cadavres des microbes tués. Ce phénomène serait-il contingent ou, au contraire, aurait-il une signification générale importante ? Ne devrait-il pas exister dans la nature certains micro-organismes particulièrement spécialisés dans la destruction massive des autres microbes ?*

Qu'en était-il ailleurs à ce sujet jusqu'à ce moment ? Le premier exemple d'antagonisme microbien remonte à 1877 quand Pasteur et Joubert constatèrent que, quand une culture de *Bacillus anthracis* ("bactéridie charbonneuse") est contaminée par d'autres bactéries, commensales ou autres, son développement est arrêté *in vitro* et même *in vivo*. Puis, on découvre une forme d'antagonisme au niveau du colon. Au début du siècle, Elie Metchnikoff observe l'action antagoniste de bacilles lactiques sur les bactéries de l'intestin. Il a alors l'idée de les implanter dans cet organe par voie digestive afin d'éliminer les microbes responsables des putréfactions intestinales auxquelles il attribue une cause de vieillissement. Puis viennent les essais d'inoculation de cultures tuées ou filtrées, par exemple les cultures de bacilles pyocyaniques (*Pseudomonas aeruginosa)*. Ce sont les travaux de Bouchard (1889), Charrin et Guignard (1889), Blagovetshensky (1890). En 1907, Maurice Nicolle signale l'action antipneumococcique de bactéries de l'espèce *Bacillus subtilis*. J. Garé et G. Papacostas à Lyon observent en 1921 que des infections mixtes par *Klebsiella*

[3] D. J. Ralston *et al.*, *J. Gen. Microb.* (1961) **24**, 313 ; C. A. Schindler et V. T. Schuhardt, *Proc. Natl. Acad. Sci.* (1964) **51**, 414.

pneumoniae et *Corynebacterium diphteriae* sont nettement plus bénignes que la diphtérie causée par le seul *C. diphteriae*. Ils montrent alors que la croissance en tube de *C. diphteriae* est ralentie en présence du *Klebsiella*. Ignace Schiller publie d'Odessa, entre 1914 et 1930, toute une série de résultats d'expériences d'antagonisme provoqué entre différentes souches microbiennes, y compris entre levures et bactéries. Il parle déjà de bactériolysines mais les principes fondamentaux de sa théorie ne sont pas entièrement confirmés pas plus que les résultats thérapeutiques. Plus révélatrices sont les observations de G. Gasperini dès 1890 et de Rudolf Lieske en 1921 sur l'action antimicrobienne exercée par les *Streptomyces* (Strahlenpilze). Mais ces auteurs n'avaient pas recherché le mécanisme de cette antibiose, pourtant remarquable chez les bactéries de ce genre[4].

Ainsi donc, pour répondre à la question d'écologie microbienne posée plus haut, Gratia entreprend des recherches systématiques avec Sara Dath dès 1924. Une grande série de boîtes de Petri stériles contiennent de l'eau rendue opaque par des suspensions épaisses et homogènes de divers microbes tués ou vivants et rendue solide par addition d'agar-agar. Elles sont exposées aux contaminations les plus diverses telles que poussières de l'air, eaux de toute provenances, sols variés, vases des étangs, fumiers, *etc.* Pour ces auteurs, il paraissait évident que, sur un tel milieu contenant comme unique aliment des corps microbiens, seuls des micro-organismes capables d'attaquer ceux-ci pourraient se développer et seraient ainsi automatiquement sélectionnés. Effectivement, sur ces boîtes, il apparaît des colonies de moisissures et de bactéries les plus diverses (Actinomycètes, *Bacillus, etc.*), dont l'action sur la *gélose microbienne* opaque se révèle par une zone plus ou moins importante de clarification[5]. Parmi eux, les germes les plus

---

[4] G. Gasperini, *Ann. Micrograph.* (1890) **10**, 449 ; R. Lieske, *Morphologie und biologie der sthrahlenpilze* (Borntraeger, Leipzig, 1921) ; I. Schiller, *C. R. Soc. Biol.* (1924) **91**, 152 ; *ibid.* (1933) **107**, 480.

[5] A. Gratia, *C. R. Soc. Biol.* (1926) **95**, 734 ; A. Gratia et S. Dath, *ibid.* (1924) **91**, 1442 ; *ibid.*, **92**, 1125 ; *ibid.*, **94**, 1267 ; S. Dath, *ibid.* (1927) **97**, 1194 ; A. Gratia et J. Alexander, *ibid.* (1931) **106**, 1288.

fréquents, dont les colonies s'entourent d'un large cercle clair exceptionnellement transparent, sont des Actinomycètes.

C'était donc bien une recherche délibérée qui fut à la base de la découverte de Gratia et Dath. Pourtant, certains auteurs reviennent actuellement sur la question en prétendant que Gratia *n'a pas su apprécier la signification des effets nuisibles de la moisissure* (l'auteur de ces lignes aurait dû savoir que les Actinomycètes sont actuellement classés comme des bactéries !) *sur la croissance* bactérienne[6]. Il est regrettable d'en arriver à de telles assertions, d'autant plus que Gratia avait usé de tous les moyens de diffusion possibles à cette époque, mais *vox clamans in deserto*. Heureusement, la réflexion suivante de Jaime Jamarillo-Arango lui rendra justice : *Undoubtedly Gratia's work represents one of the most valuable, methodical, and systematic contributions to the experimental and clinical study of antibiosis. This work together with the earlier work of Schiller, and the later contributions of Dubos, constitute the tripod on which stands the edifice of this new science*[7].

Plus tard, Gratia fait l'expérience d'ensemencer une feuille de cellophane, apposée sur la gélose microbienne contenant un germe sensible, avec la culture dont l'action *antibiotique* est la plus importante. On observe alors la diffusion, à travers la feuille de cellophane de certaines parmi les substances actives sécrétées par les bactéries productrices.

"Streptothrix" et ses multiples enzymes

Une des souches isolées, alors appelée "*Streptothrix*", est particulièrement active en ce qu'elle provoque la dissolution des staphylocoques vivants autant que des staphylocoques tués. Cette bactériolyse est visible dans un milieu liquide dont la composition doit être contrôlée, certains composés minéraux ou organiques pouvant entraver le processus. Cette étude est poursuivie avec l'assistance de J. Alexander en 1930. Bien que

---

[6] A. Kohn, *Fortune or Failure* (trad. P. et T. Baud, Eshel, 1990) p. 121.

[7] A. Gratia, les antibiotiques autres que la pénicilline (Masson, Paris, 1948); J. Jamarillo-Arango. *loc. cit.* p. 70.

les suspensions bactériennes traitées par le "*Streptothrix*" aient été dissoutes et soient pauvres en protéines, elles ont gardé leur activité antigénique, ce qui sera largement exploité dans ce qu'on appelle plus loin une *Thérapie conjuguée*.

Plus tard, en 1936, cette étude fait l'objet du travail de thèse de Maurice Welsch qui, appliquant la même procédure que Gratia et Dath, isole des bactéries douées de propriétés bactériolytiques parmi les *Pseudomonas* et, de nouveau, parmi les Actinomycètes tels que *Micromonospora* et divers *Streptomyces*. L'un d'eux, *S. albus* G, est quasi identique au *Streptothrix* (d'où le G donné à cette souche en hommage à Gratia). La contribution de Welsch, dans ce domaine, a d'abord été de confirmer l'activité antibiotique à l'égard de bactéries vivantes de plusieurs espèces et de l'étendre aux filtrats de cultures de divers Actinomycètes dont *S. albus* G. Il a pu ensuite démontrer que les activités antibactériennes de ces filtrats de cultures, désignés sous le terme d'actinomycétine, sont dues à la présence, non pas tellement de métabolites doués de propriétés antibiotiques (bien que ceux-ci y soient présents et aient été isolés plus tard, comme on le verra plus loin) mais d'enzymes bactériolytiques multiples et de spécificité distincte[8]. Ceci explique la dissolution complète des staphylocoques observée par Gratia et Alexander[4].

Malheureusement, Welsch, utilisant les méthodes en usage alors aux Etats-Unis dans les laboratoires de James Sumner et de Jack Northrop, ne parvient pas à isoler les agents actifs qui composent les préparations d'actinomycétine en raison de la faible concentration en protéines. Son collaborateur Jean-Marie Ghuysen aborde le problème en faisant appel aux techniques physico-chimiques les plus récentes existant au début des années cinquante. Notamment avec le concours de L. Dierickx, ingénieur-chimiste, il peut y démontrer l'existence de plusieurs protéases de spécificité distincte, dont une "caséinase C" utilisée par Monique Roginster pour étudier la structure de divers virus. En collaboration avec M. R. J. Salton, Ghuysen démontre que certaines fractions contiennent des peptidases distinctes agissant

---

[8] M. Welsch *C. R. Soc. Biol.* (1937) **126**, 247 ; Actinomycetin, *J. Bacteriol.* (1947) **53**, 101, *vs* J. C. Hoogerheide, *Botan. Rev.* (1944) **10**, 599.

au niveau de la paroi comme le lysozyme de Fleming mais en des sites différents[9].

A coté des enzymes, les antibiotiques

Des techniques sélectives du type de celles décrites par Gratia en 1947 sont appliquées par divers auteurs, dont Selman Waksman, qui isolent différents germes à propriétés antibiotiques. Welsch présente ses travaux sur l'actinomycétine au IIIe Congrès international de Microbiologie à New York en 1939. Sa communication est directement suivie de celle de René Dubos, d'origine française, parvenu à purifier, aux USA, la tyrothricine produite par *Bacillus brevis* ; c'est en fait le premier antibiotique purifié à usage thérapeutique. Waksman, qui connaît bien les *Streptomyces* en tant que microbiologiste du sol, est alors impressionné et entreprend aussitôt ses travaux bien connus qui l'amènent à découvrir d'autres antibiotiques produits par *Streptomyces*. Welsch lui-même est invité à participer, dès 1940, à la recherche systématique des germes doués de propriétés antibiotiques entreprise par Waksman et ses collaborateurs. Ces derniers découvrent effectivement plusieurs antibiotiques, dont l'actinomycine (à ne pas confondre avec l'actinomycétine et qui est due à une autre espèce de *Streptomyces* que Waksman appelle *antibioticus*) et la streptomycine due à *S. griseus*. Dans leurs travaux respectifs, Welsch et Waksman utilisent la méthode d'enrichissement spécifique de Dubos, d'une part, et la technique d'isolement sélectif sur gélose microbienne de Gratia, d'autre part. D'ailleurs, dans son livre sur les Actinomycètes, Waksman montre une photo de boîte de Petri où il apparaît clairement des zones de clarification au dépens d'une couche de gélose microbienne couvrant des colonies de germes antagonistes selon la

9 J. M. Ghuysen *C. R. Soc. Biol.* (1954) **148**, 1283 ; *Arch. Int. Physiol. Biochim.* (1957) **12,** 457. L'actinomycétine contient aussi *SalI,* une endonucléase souvent utilisée comme enzyme de restriction, cf. K. F. Chater et L. C. Wilde, *J. Bacteriol.* (1976) **128,** 644 ; J. P. Arrand *et al., J. Mol. Biol.* (1978) **118,** 127.

technique de Gratia[10]. Les publications de Waksman et Woodruff aux Etats-Unis et de Welsch en Belgique rapportent des résultats concordants entre 1942 et 1946[11]. Plus tard, on mettra également en évidence, dans l'actinomycétine de *S. albus* G, un antibiotique apparenté aux paulomycines produites par un autre Actinomycète, *S. paulus*[12].

En 1947, Gratia isole avec Joseph Thibaut des souches de *Bacillus* douées de propriétés antibiotiques comme celle de Dubos. Emile Nihoul isole, dans le même laboratoire, un *Bacillus* sporulé manifestant une activité antibiotique contre des germes à Gram positif et à Gram négatif. Nihoul réussit, non sans peine, à extraire et à concentrer un antibiotique qui, cette fois, n'est actif que sur les Gram-négatifs à la différence de la tyrothricine de Dubos. La substance de Nihoul s'est avérée fort semblable à la polymyxine isolée par Stansly aux USA.

Beaucoup d'autres chercheurs gravitent autour de Gratia et de Welsch. Par exemple, André Oth met au point une méthode pour déterminer la constante de diffusion d'un antibiotique en gélose. De même, Léon Swertz entreprend des recherches en vue d'élucider la signification de halos troubles apparaissant parfois autour de colonies de *Streptomyces* bactériolytiques. Suzanne Hutter (alors Madame Claude Liébecq) travaille sous la direction de Welsch, qui l'a rencontrée à Bâle en 1945, sur une "notalysine" produite par une souche de *Penicillium notatum* de Genève (souche Westling) cultivée dans un milieu riche en extrait de levure et en phosphates[13].

Pénicilline et thérapie conjuguée

Dans son livre *L'homme et les microbes*, Pierre Darmon écrit que les Belges Gratia et Dath, entre autres auteurs, *avaient montré avec autant de précision que le fera Fleming le pouvoir*

---

[10] S. A. Waksman, *The Actinomycetes,* Vol. I (The Williams et Wilkins Co., Baltimore, 1959) p. 208, Fig. 80.

[11] S. A. Waksman, E. S. Horning, M. Welsch et H. B. Woodruff, *Soil Sci.* (1942) **54,** 281.

[12] J. Majer et K. F. Chater, *J. gen. Microbiol.* (1987) **133**, 2503.

[13] S. Hutter, *Schweiz. med. Wschr.*(1945) **75**, 411.

thérapeutique du Penicillium notatum. Ce n'est pas exact. Gratia et Dath découvrent en 1925 l'action bactériolytique d'un *Penicillium* à l'égard du bacille charbonneux. Mais la moisissure n'a pas été identifiée avec certitude (c'est la dénomination de *P. glaucum* qui est mentionnée dans la note). Ensuite, ils n'ont jamais pu étudier l'action thérapeutique de ce *Penicillium.* En effet, comme je l'ai indiqué plus haut (cf. chap. II), Gratia interrompt ses recherches pour raison de santé et retrouve sa souche morte à son retour au laboratoire.

Une autre erreur de Darmon sur la question est d'attribuer la découverte de *l'action prophylactique de la pénicilline* à Ernest Duchesne en 1897 ! De quoi s'agit-il, en fait ? Duchesne signale que, dans certaines de ses expériences (trop peu, précise-t-il modestement), *Penicillium glaucum* inoculé à l'animal en même temps que des cultures virulentes de germes pathogènes, dont le bacille typhique, est capable, non *d'anéantir toute une flore microbienne*, comme l'écrit Darmon, mais d'atténuer la virulence de ces cultures jusqu'à un certain degré[14]. Il s'agit donc probablement d'un exemple d'antagonisme *in vivo*. Pas davantage que la souche de Gratia, la souche de Duchesne n'a fait l'objet d'aucune recherche de la substance produite et, contrairement à la pénicilline produite par la souche de Fleming, sa nature de β-lactamine n'est pas établie.

Sur le plan thérapeutique, c'est sur un *Streptomyces* que porteront les efforts de Gratia et Dath avec une forme de vaccinothérapie très efficace mais peu connue : c'est l'injection répétée de *mycolysats*, où sont mélangés des produits de sécrétion du *"Streptothrix"* et des produits de la digestion du staphylocoque doré par les enzymes qui y sont contenues. A cette époque, la pénicilline était fort instable, rapidement détruite *in vivo* et n'était disponible qu'en quantité limitée ; il avait fallu attendre la fin de la guerre pour que son utilisation devienne opportune. Les

---

[14] P. Darmon, *L'homme et les Microbes* (Fayard, Paris, 1999) p. 512.
Quant à la souche de Fleming et aux circonstances de sa découverte, un journaliste scientifique digne de confiance, Bernard Dixon, a publié un article intitulé *The Penicillin Papers* dans *The Sciences* (1983, **23**, 10), où il met en doute les évènements qui ont conduit Fleming à ses premières observations telles qu'il les a décrites car ces observations n'ont, d'après Dixon, jamais pu être reproduites avec la même souche, d'ailleurs trop peu fréquente dans l'air.

mycolysats étaient fort appréciés des médecins liégeois mais, à cause de la commercialisation d'une pénicilline une fois produite en grande quantité et efficace contre beaucoup de maladies infectieuses, la fabrication de ces mycolysats est restée longtemps artisanale.

D'autre part, Gratia communique à de Kruif des essais thérapeutiques réussis avec des bactériophages contre des colibacilluries et des infections staphylococciques[15]. Or, c'est en 1925 que le livre "*Arrowsmith*" de Lewis paraît. Gunther Stent, dans son histoire sur le bactériophage, fait allusion à Arrowsmith mais, apparemment, sans savoir qu'à la base de l'idée développée dans son livre[16], Gratia est un de ceux qui ont fourni l'occasion de parler de phage aux Etats-Unis. La "thérapeutique par bactériophagie provoquée" était également préconisée par d'Hérelle, mais elle n'a pas vraiment eu de lendemain pour plusieurs raisons. En effet :

1) le phage a une durée de vie limitée, surtout *in vivo* ;

2) son action dépend de plusieurs facteurs dont la présence, dans les bactéries dont ils provoquent la lyse, de récepteurs spécifiques correspondants ;

3) et, parmi les bactéries sensibles, les mutants résistant aux phages sont fréquents.

C'est pourquoi, en 1934, Gratia préconise l'emploi de bactériophages à spectre étendu parmi les staphylocoques, combiné à l'administration de mycolysats. Ainsi, les mutants résistant aux phages restent sensibles à des antibiotiques ou à des enzymes bactériolytiques utilisés en association avec ces agents. De plus, les produits de dégradation du staphylocoque contenus dans le mycolysat et ceux des bactéries infectantes tuées *in vivo* servent de vaccins ou auto-vaccins[17]. On pourrait revenir à cette thérapeutique pour pallier l'absence d'efficacité des antibiotiques à

---

[15] R. Bruynoghe et Maisin, *C. R. Soc. Biol.* (1921) **85**, 1120 ; A. Gratia, *Bull. Acad. R. Méd. Belg.*, Février 1922 ; *Bruxelles-Médical* (1931) **24**, 1 ; A. Gratia et D. Jaumain, *C. R. Soc. Biol.* (1922) **86**, 519.

[16] G. Stent, *Molecular Biology of Bacterial Viruses* (W. H. Freeman et Co, San Francisco, 1963) pp. 6-12.

[17] A. Gratia, *Bull Acad. R. Méd. Belg* (1934) **14**, 285 ; F. D'Herelle, *Le phénomène de la guérison dans les maladies infectieuses* (Masson, Paris, 1938).

l'égard des bactéries qui leur sont résistantes et qui sont de plus en plus fréquentes.

Antibiose, bactériolyse et recherche fondamentale

En 1925 encore, Gratia découvre la première colicine. C'est un antibiotique d'un type particulier qui aura une avenir considérable même s'il n'en a pas en thérapeutique. Il fait l'objet du chapitre V. D'une façon générale, on aurait tort de privilégier l'aspect thérapeutique des antibiotiques ou des enzymes bactériolytiques. Au Congrès de l'Association des Ingénieurs de Liège (AILg) en 1947, Gratia prévoit déjà que ceux-ci sont de précieux outils de travail en biologie cellulaire et moléculaire : *En cherchant à connaître les modes d'action des antibiotiques et à fournir ainsi peut-être*[18] *au chimiste organicien les modèles d'antibiotiques artificiels à synthétiser, le biochimiste trouve en même temps une admirable occasion de pénétrer dans l'intimité de la vie cellulaire et d'en élucider les multiples mécanismes.*

Par exemple, l'actinomycine D est utile en biologie cellulaire : Brachet et ses collaborateurs l'ont beaucoup utilisée en embryologie. En biochimie, il faut rappeler l'analyse de l'actinomycétine et l'utilisation des enzymes qui y sont contenues pour l'étude des enveloppes bactériennes sur l'analyse de la structure des parois cellulaires de bactéries à Gram positif par Ghuysen et son groupe. Il en sera davantage question dans le chapitre VI.

[18] On ne dit plus *peut-être* aujourd'hui !

CHAPITRE IV

Le bactériophage, un virus bactérien ?

La notion que les bactériophages sont des virus, qu'il en existe différents types avec leur spécificité d'action et qu'ils ont un rôle de vecteurs génétiques dans la nature ou en ingénierie est venue progressivement au bout de cinquante années de recherche. Il y eut d'abord la polémique au sujet de la priorité de la découverte de la bactériophagie qui, comme on va le voir, revient à Twort. Ensuite, l'opposition entre les tenants de la thèse du virus exogène et ceux pour qui le bactériophage a une origine endogène fut l'occasion d'une intense et passionnante activité de recherche.

"Glasnost" chez les bactéries

En 1915, Frederick William Twort fait une recherche délibérée en vue de démontrer que les virus pathogènes, qui ne sont pas capables de se développer *in vitro* mais seulement aux dépens de tissus où ils provoquent des lésions, descendent de formes virales non pathogènes. Evidemment, cette recherche s'avère infructueuse : seules des colonies de microcoques contaminants apparaissent sur la gélose nutritive ensemencée de lymphe vaccinale. Cependant, après prolongement de l'incubation, des colonies subissent une transformation vitreuse au point de devenir de plus en plus transparentes et de perdre progressivement la capacité de permettre la sous-culture. Il filtre dans la porcelaine ce matériel vitreux et reproduit à volonté la même observation au dépens de bactéries saines mises en contact avec le filtrat. L'agent responsable de cette transformation a gardé son pouvoir transformant après dilution et même après conservation pendant six mois, mais il a perdu toute activité après une heure à 60°C[1].

Cette publication n'est pas prise en compte lors de sa parution et, faute de subsides, Twort s'en désintéresse. Le Canadien Félix d'Hérelle étudie, à Paris, le bacille de Shiga (*Shigella dysenteriae*) à l'occasion d'une enquête demandée par Emile Roux sur une épidémie de dysenterie. Il découvre une "maladie" de ces bactéries transmissible dans les cultures. Il avait laissé agir la veille des émulsions filtrées de matières fécales d'hommes malades sur des boîtes de gélose ensemencées en nappe de *Shigella*. Après incubation, il observe des plages claires au sein de ces bactéries couvrant la boîte de Petri. Dans une autre expérience, il observe que l'addition d'une goutte de filtrat dans une culture en bouillon de bactéries, qui donnent normalement lieu à un trouble après incubation, provoque une clarification complète après une nuit d'incubation à 37°C. Dans sa première note de 1917, F. d'Hérelle interprète ces deux observations comme le résultat d'un microbe anti-microbe. Il l'appelle "bactériophage".

En lisant l'article de Twort, Gratia est convaincu du rapprochement que l'on peut faire entre le bactériophage de d'Hérelle et les observations de Twort faites deux ans auparavant sur la transformation vitreuse des colonies de microcoques. Par une série d'expériences, il montre alors que l'agent filtrable, extrait du matériel vitreux dans certaines colonies de microcoques en procédant comme Twort le décrit, est capable de provoquer la lyse de cultures en bouillon de staphylocoques et, inversement, que le "principe" anti-staphylococcique (staphylophage), préparé comme d'Hérelle l'aurait fait, exerce une action transformante à l'égard des colonies de

[1] Lymphe contenant le virus de la vaccine (small pox virus)

staphylocoques sur gélose. Cette transformation est à nouveau telle que les colonies perdent progressivement leur opacité naturelle et deviennent vitreuses. Il considère désormais les observations de Twort et de d'Hérelle comme deux manifestations différentes de l'activité d'un même type d'agents.

Pourtant, il faut attendre une bonne dizaine d'années avant que l'identité des deux observations et la notion de pluralité des bactériophages soient reconnues. En 1930, Twort fait connaître sa position : *Gratia showed a beautiful series of experiments in which he used the same filter-passing agent under varying conditions of experiment, and obtained the one or the other manifestation of the phenomenon according as he varied those conditions*[2]. Mais la même année, d'Hérelle revient à la charge : *M. Gratia soutient que le phénomène décrit par Twort en 1915 est une forme particulière de la bactériophagie ; je soutiens que cela est impossible car la description donnée par Twort exclut la bactériophagie. ... Que M. Gratia présente le principe provoquant le phénomène décrit par Twort, ceux que la question intéresse pourront alors vérifier s'il présente les caractères généraux du bactériophage...*[3] C'est l'arbitrage de Paul Flu et Ernest Renaux qui met fin à la bataille en 1932[4].

Selon certaines informations, dont j'ignore la source, on aurait observé, à la fin du siècle dernier, une forte activité bactéricide de l'eau du Gange à l'égard du vibrion cholérique alors que cette même eau bouillie constituait un bon milieu de culture pour ce germe. Cette propriété aurait pu être due à divers agents qui ne résistent pas a la chaleur ou, comme les acides volatils, s'éliminent au cours de l'ébullition. On peut invoquer l'activité de bactériophages, comme on en a isolé plus tard dans les prélèvements de vibrion cholérique. Mais, la découverte de Twort ou de d'Hérelle réside, d'une part, dans l'activité lytique des phages et, d'autre part, dans la transmissibilité de cette activité. Ceci différencie les phages de tout autre agent bactéricide.

---

[2] F. W. Twort, *The Lancet* (Nov 15th 1930) p. 1070.

[3] texte cité par A. Gratia, *Ann. Inst. Pasteur* (1931) **46**, p. 16.

[4] P. C. Flu et E. Renaux, *Ann. Inst. Pasteur* (1932) **48**, 15.

"L'autolyse transmissible" a fait couler beaucoup d'encre

L'autre problème, celui de la nature du bactériophage était plus difficile à résoudre. Selon une opinion du "Groupe Phage" (voir plus loin), Twort n'aurait pas compris le phénomène de bactériophagie à la différence de d'Hérelle. Pourtant, dans la discussion de sa note, Twort avait formulé trois hypothèses extrêmement intéressantes comme on le comprendra plus tard (cf. chap. XI) :

1) le "traumatisme" bactérien pourrait constituer un stade normal du cycle de vie, une mort programmée en quelque sorte ;

2) cet agent pourrait être une enzyme produite par le microcoque qui induirait sa propre destruction et la production d'une plus grande quantité d'enzyme encore ;

3) il pourrait s'agir d'un virus qui se développe et détruit le microcoque qu'il infecte.

Gratia revient des Etats-Unis avec une moisson de résultats, mais ne se prononce pas sur la nature du phage. Par contre, Jules Bordet qui, indépendamment à Bruxelles, reçoit l'article de Twort, est déjà convaincu, sur la base de considérations théoriques, que le bactériophage de d'Hérelle correspond à un phénomène d'autolyse transmissible ainsi qu'elle est prévue dans l'hypothèse (2) de Twort.

Avec le bactériologiste roumain M. Ciuca, Bordet entreprend aussitôt une série d'expériences basées sur les spéculations suivantes. Supposons, raisonnent les auteurs, que la cellule subissant des variations pendant le processus de bactériophagie soit une bactérie et que le facteur causant la variation soit une substance active produite par la bactérie au moment où un signal externe agit sur la bactérie. Supposons encore que la bactérie transfère à sa descendance la capacité de produire une substance en l'absence de ce signal. La variation serait ainsi contagieuse. Ils assument que la variation consiste en une rupture de l'équilibre entre forces constructives et destructives de la matière vivante.

Plus tard, en France, Eugène Wollman compare cette hypothèse à la doctrine obsolète de la pangenèse de Darwin.

Selon cette doctrine, les variations acquises chez un organisme n'ont pas d'influence sur les organes reproducteurs. La cellule produit de petites quantités de grains, les *gemmulae*, qui circulent librement dans l'organisme et se multiplient par division puis se développent au sein de cellules semblables à celles dont elles proviennent. Si, par suite d'un changement de conditions ou de toute autre cause, une partie du corps subit un changement durable, les *gemmulae* vont reproduire cette modification. D'après Wollman, on pourrait comparer les *gemmulae* de Darwin aux facteurs intracellulaires de Bordet et un système organique animal, comme le sang (ou une culture de tissus *in vitro*), à une culture de bactéries.

Les liens qui unissent le phénomène de bactériophagie à l'autolyse spontanée des staphylocoques sont tels que beaucoup les ont confondus. Certains auteurs, dont Wollman, ont repris l'expression : *autolyse transmissible*, mais ils ont clairement fait la distinction avec le phénomène d'autolyse staphylococcique commenté dans le chapitre précédent.

En 1920 déjà, Bordet et Ciuca font l'expérience suivante à l'appui de leur thèse sur la production spontanée de phage. Un cobaye neuf reçoit, à intervalles réguliers, des injections intra-péritonéales d'une culture de colibacilles (*Escherichia coli*). Après une incubation d'un à deux jours qui suivent la dernière injection, ils examinent l'exsudat rempli de leucocytes. Une partie de cet exsudat est ajoutée à une culture de colibacilles de la même souche que celle utilisée dans les injections, puis elle est mise à incuber. Il s'est formé un phage actif sur la culture alors qu'il était absent dans la culture inoculée. L'examen de déjections des cobayes qui produisent un exsudat contenant du phage donne des résultats négatifs. Ils interprètent cette observation en présumant que, suite aux défenses de l'animal à l'agression microbienne, la bactérie résiste au prix d'une variation dans ce sens. En changeant ses propriétés, elle en acquiert une nouvelle, celle de produire du phage, c'est-à-dire de devenir "lysogène". Dans une autre publication, Bordet et Ciuca se demandent si le phénomène de bactériophagie décrit par d'Hérelle n'est pas la conséquence d'une réaction de défense de l'animal ; il y aurait une *variation nutritive héréditaire* conduisant à une sorte de ferment lytique diffusant dans le milieu et transférant le pouvoir lytique aux autres microbes.

Aussi géniales qu'elles puissent être, ces spéculations et discussions des résultats d'expériences de Bordet et Ciuca sont peu convaincantes. De plus, les conditions utilisées dans l'expérience d'inoculation à l'animal ne permettent pas d'exclure une contamination par du phage. A l'Institut Pasteur de Lille, R. Pierret et V. Bilouet apportent cependant leur soutien parce qu'ils n'observent pas de phage dans l'intestin des nouveaux-nés, malgré la quantité de germes présents. Parmi les autres partisans de la "déviation nutritive héréditaire", D. Combiesco et A. Magheru répètent, à Bucarest, l'expérience d'injection intra-péritonéale dans les cobayes mais, cette fois, avec le bacille pyocyanique et obtiennent également des phages actifs sur ces bactéries. Pourtant, ces auteurs, prudents, évitent de tirer des conclusions hâtives de leurs observations[5]. Lors d'un Congrès en 1922, Gratia défend la prise de position de Bordet mais avec des nuances puisqu'il déclare : *The localization of the lytic action of the dilute bacteriophage can be explained by the hypothesis of a chemical substance as well*[6].

En 1922 encore, Marcel Lisbonne isole des souches d'*E. coli* productrices de phage dans des expériences de mélange avec *Shigella dysenteriae* et attribue cette production de phage à un antagonisme entre les deux souches. Mais, aussitôt, Paul Hauduroy fait remarquer que la souche d'*E. coli* isolée est elle-même "*lysogène*", c'est-à-dire régulièrement capable de donner lieu à la formation de phage dans n'importe quelle condition, ce qui s'est révélé exact par la suite. En fait, comme l'ont montré des expériences de reconstruction, c'est parce que l'hôte préférentiel pour le développement du phage produit par le "coli Lisbonne"

---

[5] J. Bordet et M. Ciuca, *C. R. Soc. Biol* (1920) **83**, 1293 ; *ibid.* (1921) **84**, 276 ; *ibid.*, 747 ; R. Pierret et V. Bilouet, *ibid.* (1925) **93**, 635 ; D. Combiesco et A. Macheru, *ibid.* (1923) **88**, 912.

[6] Il s'agit du *Glasgow meeting of the British Medical Association* de 1922 où, par ailleurs, Gratia se lia d'amitié avec Fleming.

est précisément *Sh. dysenteriae* que le mélange est apparemment producteur de phage[7].

Pluralité des phages comme celle des virus

Finalement, très peu temps après le Glasgow meeting, Gratia arrive à des conclusions plutôt en faveur de la thèse virale, sans toutefois prendre une position ferme à cet égard. Quand, plus tard, Wollman écrit : *Un partisan autrefois convaincu de la théorie diastasique, Gratia, semble s'être rallié à la théorie parasitaire*, l'intéressé répond : *Je n'ai jamais été partisan convaincu d'aucune théorie. Plus soucieux de faits que de théories, je me suis toujours attaché davantage aux manifestations du bactériophage qu'à sa nature...*

Avec Loïs de Kruif, il procède à des expériences sur le titrage du phage et constate, fait important, que le phage est capable d'entraîner la lyse quelle que soit sa concentration. Contrairement au cas des enzymes, il n'y a *pas de concentration minimale* pour observer une manifestation du phage. Mais, d'autre part, les auteurs observent que l'activité n'est pas la même selon que le volume de la culture est grand (1 litre) ou petit (1 ml) même inoculé par la même quantité de phage à une dilution très faible[8]. Pour expliquer ce fait, ils invoquent la différence de sensibilité des bactéries au phage dans une population hétérogène.

Encore en 1922, dans le laboratoire de Richard Bruynoghe à Louvain, le futur chirurgien René Appelmans montre que les bactériophages de *Salmonella* diffèrent d'une espèce bactérienne à l'autre et aussi au sein d'une même espèce, en l'occurrence le bacille typhique (*S. typhi*). Dans une note publiée avec Marcel de Namur, Gratia écrit : *Comme Bruynoghe et Appelmans l'ont montré pour les principes typhiques, nous constatons que les principes staphylococciques de différentes provenances se*

---

[7] M. Lisbonne et L. Carrere, *C. R. Soc. Biol.* (1922) **86**, 340 et 569 ; *ibid.*, **87**, 724 et 1011 ; *ibid.* (1924) **90**, 265 ; A. Beckerich et P. Hauduroy, *ibid.* (1922) **87**, 1124.

[8] A. Gratia et L. de Kruif, *C. R. Soc. Biol.* (1922) **88**, 308 et 629 (Loïs, sœur de Paul).

reproduisent en conservant leurs caractères d'origine, quelle que soit la souche aux dépens de laquelle ils se régénèrent[9].

Lysogénie, sujet tabou pendant plus de trente ans

Eugène et Elisabeth Wollman confirment certaines observations de Bordet et Ciuca, mais ils ne sont pas enclins à accepter leur thèse. Pour eux, les observations décrites et leurs résultats d'expériences sont difficilement compatibles avec la thèse de la production d'une "diastase" propre à la souche, quand cette souche est soumise à certaines conditions physiologiques. Leur conception est également peu compatible avec la notion parasitaire des bactériophages. Elle est d'un très grand intérêt : c'est la théorie de l'origine génique du phage, ce qui nous amènera à aborder le problème sous l'angle génétique. Pour les Wollman, le bactériophage serait un "facteur lysogène héréditaire", c'est-à-dire une particule représentative d'hérédité. Cette conception est basée sur une relation numérique entre bactéries lysogènes et particules de bactériophage. Malheureusement, les faits ne jouent pas tout de suite en faveur de cette thèse. C'est à cette occasion que Gratia, qui conteste cette relation, du moins à ce stade des expériences sur la lysogénie, applique sa fameuse technique de titrage des particules de phage dite de la "double couche", ou "soft agar layer", universellement utilisée depuis (cf. glossaire : agar). C'est, en fait, une variante de sa "gélose microbienne" signalée plus haut à l'occasion de la recherche systématique des germes à activité bactéricide ou bactériolytique.

Dans un article, Gratia écrit : *Si je n'ai pas alors opté formellement pour la thèse des virus, c'est précisément à cause des bactéries lysogènes... Il semblait que la bactérie lysogène ne fût pas que le support purement passif d'un virus bactériophage exogène qui la contamine, mais qu'il en fût le générateur actif grâce à quelque fonction sécrétoire endogène que le microbe perdrait avec la vie. Il restait la possibilité que le virus intracellulaire fût prisonnier dans le cadavre du microbe et que*

---

9 R. Appelmans et Wagemans, *C. R. Soc. Biol.* (1922) **86**, 738 ; R. Bruynoghe et R. Appelmans, *ibid.*, **87**, 26 ; A. Gratia et M. de Namur, *ibid.*, 364.

la dissolution de ce dernier par une action bactériolytique pourrait éventuellement le remettre en liberté[10]. Et l'auteur de rappeler qu'il a essayé avec Welsch en 1939, mais sans succès, de libérer du phage libre dans le corps bactérien par traitement de bactéries fraîchement infectées (lavées et inactivées par chauffage) ou de bactéries lysogènes avec les produits du *Streptomyces albus* G (sous l'appellation globale d'actinomycétine) et du lysozyme utilisés séparément ou successivement[11]. Comme les Wollman, qui ont traité ces bactéries par le lysozyme, Gratia et Welsch concluent que la production de phage n'est pas le fait de la libération de particules de phage libre qui se trouveraient présentes dans le cytoplasme bactérien. Mais, fait essentiel à ce stade, ils font remarquer que cette absence de résultat ne signifie pas l'absence de phage : du phage intracellulaire peut y exister sous une forme inactive. Ces considérations basées sur une lecture attentive des travaux de Gratia dès 1936 (cf. chap. VII) complètent le commentaire un peu limité d'André Lwoff dans son article de revue "Lysogeny" publié en 1953[12] : *Lysozyme lyses B. megatherium but does not alter the phage : no infectious particles are liberated when lysogenic bacteria are lysed with lysozyme (Wollman and Wollman 1936). The same conclusion was reached independently and almost simultaneously by Gratia (1936) who did not comment on the phenomenon.*

En fait, l'idée d'une forme intracellulaire silencieuse du phage n'était pas neuve à cette époque. Déjà en 1925, dans le laboratoire de Bordet, Earl B. McKinley observe que la propriété de produire du phage persiste, même lorsque les bactéries de la souche de Lisbonne et Carrère sont cultivées en présence de sérum antiphage. Il montre que chaque bactérie donne naissance à un clone produisant du phage sans intervention de phage extrinsèque. Cette expérience est essentielle et reste à la base de tout travail sur les bactéries lysogènes. Burnet et McKie en 1929 émettent la même idée qu'il peut exister une forme non infectieuse du phage.

---

[10] A. Gratia, *Ann. Inst. Pasteur* (1936), **57**, 652 ; voir p. 673.

[11] A. Gratia et M. Welsch, *C. R. Soc. Biol.* (1939) **132**, 330.

[12] A. Lwoff, Lysogeny, *Bacteriol. Revs* (1953) **17**, 269 ; voir p. 278.

D'autres expériences peu connues mais hautement révélatrices sont celles de Max Adant à Louvain. Entre 1928 et 1932, cet auteur étudie des souches sporulées et thermophiles de *Bacillus*. Les spores de ces bactéries résistent à 100°C et sont sensibles à un phage qui, lui, est inactivé à 70°C. Dans une première expérience, l'auteur chauffe, pendant 15 min. à 95°C, les cultures en bouillon infectées par ce phage et qui, devenues lysogènes, produisent du phage. Après ce chauffage, il contrôle que la préparation filtrée ne contient plus de phage actif. Par contre, les spores contenues dans la fraction non filtrée et qui ont survécu au chauffage donnent du phage après incubation dans du bouillon neuf. Il montre par ailleurs, que les spores des bactéries non lysogénisées ne donnent pas les mêmes résultats. Donc, les spores des bactéries lysogénisées contiennent le phage ou son germe. Cette observation est confirmée par E. et E. Wollman en 1932[13].

Rappelons que ces derniers ne sont pas favorables à l'idée de Bordet qui fait intervenir une substance sécrétée par la bactérie. Il en est de même d'Adant qui fait l'expérience suivante. Les bactéries thermophiles poussent aussi bien à 52°C qu'à 37°C. Or, le phage utilisé par cet auteur est exclusivement thermophile et ne se développe qu'à 52°C. Par sous-cultures successives à 37°C d'un mélange infectant, il arrive à éliminer le phage, par dilution, dans les dernières sous-cultures. Hormis ces sous-cultures, toutes les autres qui sont, elles-aussi, troubles à 37°C se clarifient complètement dès qu'elles passent à 52°C. L'auteur en conclut que la lyse n'est pas due à un produit sécrété par la bactérie.

En 1939, Northrop, dont l'amitié avec Gratia n'est peut-être pas étrangère à son intérêt pour les virus et les phages, publie un article important, assez souvent cité et qui vient bien à propos dans l'étude de la lysogénie. Il observe que la concentration en bactéries, bactériophages et une enzyme, la gélatinase, augmente de façon sensiblement parallèle en fonction du temps. Il en conclut que le bactériophage est "sécrété" pendant la croissance

---

[13] E. B. McKinley, *C. R. Soc. Biol.* (1925) **93**, 1050 ; M. Adant, *C. R. Soc. Biol.* (1928) **99**, 1244 ; *ibid.*, **100**, 499 ; *ibid.* (1932) **111**, 1055 ; *ibid.*, **144**, 178 ; E. et E. Wollman, *Ann. Inst. Pasteur* (1932) **49**, 41 ; *ibid.* (1936) **56**, 137.

des bactéries lysogènes et non libéré par leur lyse[14]. Une telle conception est incompatible avec les données acquises par l'étude des phages virulents qui tuent et lysent les bactéries qui les reproduisent et, donc, cette thèse est repoussée. Néanmoins, on montrera plus tard que certains phages, comme certains virus animaux, sont effectivement sécrétés sans lyse de la cellule-hôte, mais il s'agit de bactéries infectées et non de bactéries lysogènes[15]. En fait, comme on le verra plus loin à la suite des travaux d'André Lwoff, ce qui se passe au cours de la croissance de toute souche lysogène, c'est la production de particules de phage à la faveur de la lyse d'une petite fraction de bactéries en lesquelles le germe du phage (ou prophage comme cet auteur l'a appelé) est entré en développement. Puis, peu après l'expérience de Lwoff, Guiseppe Bertani et François Jacob montrent qu'effectivement, pendant la phase exponentielle, la croissance bactérienne et la teneur en particules de phage produit augmentent parallèlement.

Principes faibles, phages tempérés, connais pas!

Pendant longtemps, les généticiens du phage aux Etats-Unis se limitent à l'étude des phages T, dits virulents parce qu'ils tuent les bactéries qui répondent à l'action de ces phages par une lyse totale de la culture (on reviendra sur la question plus loin dans le chapitre VI). Ils ne connaissent, ni ne reconnaissent les phages dits tempérés (parmi les principes faibles de Bordet et les phages produits par la souche de Lisbonne et Carrère) qui, eux, ne tuent pas toutes les bactéries, une fraction de la population infectée devenant immune à leur action (réponse lysogénique). Malgré la somme de publications à leur sujet, dont les travaux d'un auteur anglo-saxon, Macfarlane Burnet, qui font autorité, ils nient l'existence de la lysogénie. Pour eux, il n'y a pas de bactéries lysogènes, mais des cultures lysogènes qui correspondent à un équilibre entre bactéries résistantes et bactéries sensibles.

---

[14] J. H. Northrop, *J. Gen. Physiol.* (1939) **23**, 59

[15] P. H Hofschneider et A. Preuss, *J. Mol. Biol.* (1963) 7, 450.

Elie Wollman raconte que, quand il était aux USA en 1948, il avait consulté l'index bibliographique à Caltech sur un travail de ses parents qui avaient observé en 1937 une éclipse dans la formation de particules infectieuses après infection de *Bacillus megatherium* par du phage libre et, ce, malgré l'action du lysozyme. Il eut alors la désagréable surprise d'y lire la mention *Nonsense*[16].

Il faut se reporter à la mentalité scientifique de l'époque, notamment aux Etats-Unis où l'attitude en biologie était *réductionniste*. Max Delbrück, physicien au départ, en était le chantre incontournable. Les auteurs américains, en particulier, semblent n'avoir jamais eu connaissance d'une synthèse que Gratia a présentée à l'Académie de Médecine à Bruxelles en 1945. Il y considère les phages et autres virus comme des entités infra-cellulaires dont les caractères sont tels qu'ils se comportent sous certains rapports comme des germes exogènes, mais sous d'autres comme des organelles intracellulaires. Cette conception est relativement compatible avec les notions actuelles de virologie[17].

Où l'on est induit à l'induction !

Le problème de la lysogénie, pratiquement abandonné après 1939, est repris dix ans plus tard par André Lwoff et Antoinette Gutmann. Ceux-ci décident d'étudier, non plus des populations nombreuses de bactéries lysogènes, mais la descendance de cellules bactériennes isolées. Ils en ont l'occasion avec la souche de *B. megatherium* lysogène de L.E. den Dooren de Jong que les Wollman et Gratia utilisèrent en 1936. Ce choix se justifie du fait que cette bactérie forme de longues chaînes qui peuvent être plus facilement séparables à l'aide du micro-manipulateur de

---

[16] E. L. Wollman, Bacterial Conjugation, *in* : J. Cairns *et al.*, ed., *Phage and the Origins of Molecular Biology* (Cold Spring Harbor Laboratory of Quantitative Biology, Cold Spring Harbor, L.I., New York, 1966) p. 216 ; cf. note annexe sur les parents Wollman en page 177.

[17] A. Gratia, Conception endo-exogène des virus et des bactériophages et la théorie infra-cellulaire de la vie, *Bull. Acad. R. Méd. Belg.* (1945) **10**, 139.

Fontbrune. Ils sont ainsi à même de séparer les cellules-filles à chaque division, puis de suivre leur descendance. Tout d'abord, ils constatent qu'une bactérie lysogène peut se diviser jusqu'à dix-neuf fois sans produire de bactériophage, chaque bactérie-fille récoltée donnant naissance à un clone lysogène. Donc, le caractère lysogène peut se maintenir pendant de nombreuses générations en l'absence de phage libre dans le milieu. Ensuite, fait important, Lwoff et Gutmann remarquent que, de temps à autre, une des bactéries qu'ils observent au microscope se lyse. Il apparaît alors une centaine de particules dans le milieu. Ainsi donc, les bactéries lysogènes ne secrètent pas du phage, mais le phage est libéré par la lyse d'une petite fraction de la population bactérienne. C'est alors que Lwoff appelle *prophage* l'unité non infectieuse maintenue dans toutes les bactéries telle qu'elle était présumée par d'aucuns cités plus haut, mais dont l'existence ne fait alors plus de doute.

Enfin, vient la fameuse expérience de *l'induction* où, toujours en 1950, Lwoff montre que la population entière peut être induite à la production de phage. Quand les bactéries sont exposées aux UV à la longueur d'onde correspondant au maximum d'absorption par l'ADN, la culture entière se lyse en même temps qu'augmente, en un laps de temps relativement court (entre une et deux heures), le nombre de particules formatrices de plages de lyse. En 1952, avec Jacob, il obtient le même résultat quand les bactéries lysogènes sont traitées par des agents très oxydants et autres, connus pour être cancérigènes.

Par induction de la production généralisée de particules de phage, Lwoff confirme le taux relatif de particules par bactérie, qui a été déduit par examen cellule par cellule, soit environ cent particules par bactérie lysée. En 1939, Emory Ellis et Max Delbrück avaient déjà établi une relation de ce genre après infection de bactéries par des phages virulents (*single burst experiment*). Dès 1950, Jacob compare quantitativement l'infection de bactéries sensibles par un phage tempéré à l'induction de bactéries lysogènes pour ce même phage. Les courbes obtenues sont identiques (à la différence que le temps de latence entre la production détectable de centres infectieux et le moment de l'induction est plus long que le temps de latence après infection). Il y a donc multiplication du virus dans chaque bactérie qu'elle soit infectée ou induite à la production de phage[18].

Ce fut un réel succès pour l'Institut Pasteur. Hubert Chantrenne, à l'occasion d'un Congrès en Californie, fait une ballade à cheval dans le grand Canyon. Il y rencontre André Lwoff qui pratique le même sport et qui lui dit: *Oui, je vais essayer de convaincre les Californiens que la lysogénie existe!*

[18] E. L. Ellis et M. Delbrück, *J. Gen. Physiol.* (1939) **22,** 365 ; A. Lwoff et A. Gutmann, *Ann. Inst. Pasteur* (1950) **78,** 711 ; A. Lwoff, L. Siminovitch et N. Kjelgaard, *ibid.*, **79,** 815 ; A. Lwoff et F. Jacob, *C. R. Acad. Sci.* (1952) **234,** 2308.

CHAPITRE V

Phages et colicines : similitudes paradoxales

Les bactériocines représentent une classe d'antibiotiques très particuliers, notamment du fait de leur parenté avec les bactériophages. Parmi les bactériocines, les colicines ont été fort étudiées et la première fut découverte en 1925 par Gratia. Quand on le cite dans la littérature, son nom apparaît le plus souvent, encore actuellement, dans le cadre des sujets traités dans le présent chapitre. Les colicines et les plasmides colicinogènes ont des liens non seulement avec les phages mais également avec la génétique comme il en sera largement question plus loin, notamment dans le chapitre VII. Les rapports avec les phages sont l'occasion de revenir sur la question de la nature et de l'origine des virus.

Bien que la découverte de la production de colicine, ou colicinogénie, remonte à 1925, elle n'a que peu ou prou retenu l'attention des auteurs jusqu'à ce qu'une circonstance ait permis de remettre la question sur le chantier. Pierre Fredericq, prisonnier de guerre, est libéré en 1941, grâce à l'intervention de Gratia auprès des autorités allemandes, pour devenir assistant au laboratoire provincial d'analyse bactériologique (Fonds Malvoz). Fredericq s'engage alors dans l'étude de la staphylocoagulase ; il montre sa nature de protéase et met en évidence l'existence d'enzymes du même type chez d'autres bactéries que le staphylocoque comme *Pseudomonas, Serratia, Actinomyces.*

Mais il ne parvient plus à conserver ses "coagulases" dans les frigos du département de Biochimie à cause de fréquentes ruptures de courant. Il demande alors à son patron un autre sujet de travail. Ainsi, il accomplit sa thèse sur les colicines et, à partir de 1948, fait une oeuvre de pionnier qui inaugure une nouvelle ère de la physiologie cellulaire et de la génétique moléculaire.

Colibacille fratricide

Dans sa note présentée à la séance de *la Société Belge de Biologie* du 10 octobre 1925, Gratia signale qu'une souche d'*Escherichia coli* très virulente pour le lapin produit une substance toxique pour une autre souche d'*E coli* et, à un degré plus faible, pour *Shigella dysenteriae.* Pour cette raison, il appelle la souche toxigène *E. coli V* et la bactérie sensible *E. coli* φ, par ailleurs utilisée comme indicateur des phages. L'activité de la substance appelée alors principe V puis, plus tard, colicine V, se manifeste jusqu'à une dilution 10^{-3}. Elle est très diffusible dans l'agar à partir du point d'inoculation de la bactérie productrice, thermostable (son activité ne diminue qu'après 30 min à 120°C) et traverse la cellophane. Elle est entraînée à l'état actif par le précipité formé par l'acétone mais est détruite par l'alcool absolu. Gratia en conclut qu'il s'agit d'une substance protéique de faible poids moléculaire, ce que, plus tard, il précise en montrant sa sensibilité à la trypsine[1].

Non pas une, mais des colicines

Le laboratoire de Liège isolera d'autres souches d'*E. coli* qui produisent des substances toxiques pour d'autres souches de la même espèce ou apparentées comme dans le cas de la colicine V, mais qui sont plus sensibles à la température, moins stables, moins actives dans les cultures en bouillon et ne traversant pas la cellophane. Dans sa thèse de 1948, Fredericq décrit ses résultats

---

[1] A. Gratia, *C. R. Soc. Biol.* (1925) **93,** 1040 ; Antagonisme microbien et bactériophagie, *Ann. Inst. Pasteur* (1932) **48**, 413 ; Gratia A. et Betz-Bareau M., *C. R. Soc. Biol.* (1946) **140,** 1248.

concernant l'analyse de 881 souches. Parmi elles, 411 sont sensibles à la colicine V et 254 souches produisent une ou plusieurs colicines actives sur *E. coli* φ. Dix-sept colicines ont été identifiées comme différentes par la morphologie et les dimensions de la zone d'inhibition, le spectre d'activité sur les souches sensibles et les mutants résistant spécifiquement à une colicine donnée et les courbes de sensibilité aux protéases microbiennes. Plus tard, Yves Chabbert, en France, étend cette analyse en utilisant deux autres caractères considérés par Gratia pour la colicine V, à savoir la diffusion à travers la cellophane, et donc la taille de la molécule, et la sensibilité à la chaleur (séjour de 30 min à 60°C).

J'en reviens à la période qui suit la guerre. A cette époque, Gratia, de son côté, trouve l'occasion de s'adonner à nouveau à ce problème, notamment dans le but d'utiliser les colicines en thérapeutique, mais sans succès à cause de leur destruction par les enzymes du tube digestif[1]. Il va les comparer à d'autres substances antibiotiques de bactéries à Gram positif, comme *Bacillus*, et surtout confirmer et étendre leurs relations avec les phages[2]. Fait intéressant, la souche *E. coli* V est insensible à la colicine V et Fredericq montrera que les colicines sont inactives contre les souches qui les produisent.

Conditions physiologiques de la colicinogénie

En 1926, Gratia rédige un mémoire qui ne paraîtra qu'en 1932. Il y signale que la production de colicine dépend des conditions de culture, notamment du pH. Par après, Fredericq constatera que la production de colicine V est influencée par la présence de glucose. Cette dernière observation a été faite d'ailleurs dans des circonstances assez cocasses. Je les rapporte donc. Le laboratoire de Bactériologie à Liège, qui avait également la charge des analyses bactériologiques pour les hôpitaux, disposait de plusieurs techniciens. Fredericq, qui avait hérité en 1950 de la responsabilité de ce laboratoire, avait un jour confié

---

[2] A. Gratia, Techniques sélectives pour la recherche systématique des germes antibiotiques, *C. R. Soc. Biol.* (1946) **140,** 1053 ; A. Gratia et P. Fredericq, *ibid.*, 1032 ; A. Gratia et A. Weerts, *ibid.*, 1246.

un travail comparatif à deux techniciens dans le but d'une éventuelle application en diagnostic bactériologique (actuellement, la colicinotypie est effectivement utilisée dans les labos de routine). Il avait alors remarqué des différences dans la dimension et l'aspect de la zone d'inhibition de la colicine V. Un des techniciens avait suivi à la lettre les instructions de Fredericq selon lesquelles il fallait ajouter dans la gélose une "pincée de glucose", mais le résultat était médiocre. Par contre, le bon résultat avait été obtenu chez la technicienne qui avait malicieusement jugé que la pincée de glucose ne valait pas la peine et ne l'avait pas ajoutée au milieu...

Dans le mémoire de 1932, Gratia décrit une expérience qui montre l'inhibition de la colicine V par contact avec les bactéries productrices. Ce fait s'expliquera plus tard quand, avec Fredericq, il observera que certains mutants produisent davantage de colicine. Fredericq émet alors l'hypothèse d'une ré-adsorption de la colicine par la membrane des bactéries productrices, sauf si une mutation affecte cette membrane au niveau de l'adsorption.

Colicinogénie et lysogénie

Il est aussi question, dans l'article de 1932, d'une étude comparative entre la souche lysogène de Lisbonne et Carrère et le coli V. D'une part, Gratia distingue fondamentalement leurs produits ; d'autre part, il fait un parallèle entre lysogénie et colicinogénie. La première et fondamentale différence avec les phages est l'absence de régénération de la colicine V : *Après quatre passages, l'action du principe V a disparu par dilution et de façon définitive, car elle ne réapparaît plus dans la suite, même si on continue les passages un grand nombre de fois ou si on maintient une cohabitation du coli V et du coli φ.* Et, parmi les autres différences, Gratia observe que :

a) le phage n'est pas aussi thermorésistant que la colicine V (à noter que cette thermorésistance n'est pas générale parmi les colicines décrites plus tard) ;

b) la colicine V dans les préparations traitées par du chlorhydrate de quinine a gardé son activité toxique à la ifférence des phages qui, d'après Pozerski et Eliava cités dans article, sont détruits par les sels neutres de quinine.

Quant au rapprochement qu'il fait entre les deux propriétés, ysogène et colicinogène, il note :

1) leur résistance lors de la conservation ;

2) le maintien de la propriété lysogène ou colicinogène même ans les conditions de culture amenant la disparition du phage : *haque individu du coli Lisbonne possède donc en lui le éterminisme de la lyse du bacille Shiga comme chaque individu e coli V contient en lui le déterminisme du principe anti-φ*[3] ;

3) la perte ou l'inhibition de toute activité après contact avec es bactéries productrices ;

4) la même influence des conditions de culture sur la roduction de phage ou de colicine ;

5) l'inactivité du phage et de la colicine V sur les bactéries roductrices, lysogènes ou colicinogènes (ce qu'on appelle aintenant immunité).

En rapport avec l'analogie entre colicinogénie et lysogénie, une bservation de Gratia n'a jamais été relevée. Entre 1926, au oment ou il commence la rédaction de son mémoire et 1932 où le publie, il observe que sa souche colicinogène a perdu la ropriété de produire la colicine puis la récupère après une ériode plus ou moins longue de repiquages successifs : *...la roduction de principe V ralentit puis s'éteint à mesure que la ulture vieillit. Le principe s'altère puis disparaît, tandis que les actéries elles-mêmes entrent en léthargie et tendent à perdre eur pouvoir toxigène. Toutefois, cette perte d'activité est assagère ; le mécanisme de la sécrétion, plus ou moins arrêté ar un long séjour dans les conditions de vie latente, se remet n fonction...* Fait plus remarquable encore, ces variations oncernent également le pouvoir lysogène de la souche Lisbonne, ariations qui peuvent aller jusqu'à la disparition plus ou moins emporaire, puis à la réapparition de l'activité.

Les faits en faveur d'un parallèle entre colicine et phage vont 'accumuler dès les premiers travaux de Fredericq[4]. Par l'étude

---

lire : *anti-coli φ*

P. Fredericq, *C. R. Soc. Biol.* (1946) **140,** 1189 ; *ibid.* (1948) **142,** 855 ; P. ordet et J. Beumer, *ibid.* (1948) **142,** 259 ; *Bull. Acad. R. Méd. Belg* (1949) **4,** 116 ; P. Fredericq et A. Gratia, *C. R. Soc. Biol.* (1949) **143,** 560 ; *Ant. van*

systématique des mutants résistant aux colicines, Fredericq et Gratia d'une part, Paul Bordet et Jacques Beumer, d'autre part introduisent la notion de récepteurs comme dans le cas des phages (cette question est développée dans le chapitre suivant). D'ailleurs, ils découvrent, en 1949, que certains phages et colicines utilisent des récepteurs membranaires communs. Les travaux de Fredericq sur la cinétique comparée de la colicine K et du phage T6 et de Latarjet et Fredericq, qui utilisent la méthode radiobiologique, révèlent qu'il doit y avoir une communauté moléculaire entre la queue de la particule de T6 et la colicine K. Colicines et phages ont donc bien des caractéristiques communes que Fredericq interprète comme résultant d'une parenté ancestrale.

On peut observer, comme Gratia d'abord et comme Fredericq ensuite, des microzones d'inhibition dans un gazon de bactéries sensibles, ensemencées avec des suspensions très diluées de bactéries colicinogènes. Plus tard, Haruo Ozeki observe la formation, dans certaines conditions, de très petites plages qu'il appelle *lacunae* et dues chacune à la production de colicine par une seule bactérie qui subit la lyse[5]. Il faut bien préciser, comme ces auteurs, que les lacunae ont une dimension très limitée, alors que les plages de lyse dues au bactériophage sont plus ou moins extensibles, étant dues à la succession des cycles d'infection à partir de la première bactérie infectée.

De même qu'on a réfuté l'interprétation de Northrop relative aux bactéries lysogènes qui sécréteraient du phage, on découvre au début des années cinquante que les colicines ne sont pas sécrétées pendant la croissance, mais plutôt libérées à la faveur d'une lyse, en tout cas celles qui sont étudiées de ce point de vue. Jacob fait une série d'expériences comparatives entre production induite du phage λ d'*E. coli* K12 et de colicine produite par une autre souche, *E. coli* ML. Dès 1952, François Jacob, en partie avec la collaboration de Louis Siminovitch et d'Elie Wollman observe l'induction de production de colicine par traitement des bactéries productrices aux UV. Les bactéries traitées se lysent et

---

Leeuwenhoek (1950) **16**, 119 ; P. Fredericq, *Rev. belge Path. Med. expt* (1952) 22, 167 ; R. Latarjet et P. Fredericq, *Virology* (1955) **1**, 100.

[5] P. Fredericq, *C. R. Soc. Biol.* (1950) **144**, 730 ; H. Ozeki *et al.*, *Nature London* (1959) **184**, 337.

même temps qu'il y a augmentation du titre en colicine dans le milieu, tout comme dans le cas des cultures lysogènes traitées dans les mêmes conditions. Jacob et collaborateurs en concluent que l'induction de la synthèse de colicine par les cultures de bactéries productrices est en tout point comparable à celle de l'induction du prophage[6].

Multiples bactériocines

En 1946, Gratia et Fredericq montrent que des substances analogues à la colicine V sont produites par un grand nombre de souches parmi les Entérobactéries. Vers 1950, Jacob observe la production de substances comparables par une espèce bactérienne bien distincte d'*E. coli* : ce sont les pyocines dues à *Pseudomonas pyocyanea* (ou *aeruginosa*). Elles aussi sont actives sur des souches de la même espèce que celles qui les produisent et cette production est à nouveau inductible. Puis, en 1961, Yves Hamon découvre la production de deux types d'agents antibiotiques par la "bactérie prodigieuse" responsable des hosties sanglantes, *Serratia marcescens* : les unes sont, comme les colicines, diffusibles et sensibles à la trypsine et inhibent la croissance d'*E. coli*, les autres ne sont pas ou peu diffusibles, sont résistantes à la trypsine et ne sont actives que sur des souches sensibles de *Serratia marcescens*[7].

Ainsi donc, ce type particulier d'antibiotiques s'étend à plusieurs espèces de bactéries autres qu'*Escherichia coli* et on les désigne par le vocable général de bactériocines. Ce terme tel qu'il est proposé par Jacob et ses collègues désigne tout antibiotique de nature protéique, dont la biosynthèse est létale et dont l'adsorption est conditionnée par des récepteurs spécifiques à la surface des bactéries sensibles[8].

---

[6] F. Jacob, L. Siminovitch et E. L. Wollman, *Ann. Inst. Pasteur* (1952) **83,** 295; F. Jacob, *Les bactéries lysogènes et la notion de provirus* (Monographies de l'Institut Pasteur, Masson et Cie, Paris, 1954).

[7] Y. Hamon et Y. Peron, *Ann. Inst. Pasteur* (1961) **100,** 818.

[8] F. Jacob, A. Lwoff, L. Siminovitch et E. L. Wollman, *Ann. Inst. Pasteur* (1953) **84**, 222.

Contrairement a beaucoup de définitions sur les bactériocines dans les encyclopédies, elles ont un structure moléculaire qui peut différer très fort puisque les bactériocines non diffusibles de *Serratia* sont considérablement plus structurées et d'une dimension beaucoup plus importante que les molécules protéiques simples ou peptidiques. Parmi les substances produites par *Escherichia coli*, il en est qui, au contraire, ont une poids moléculaire peu important. Assez récemment, on a découvert des bactériocines de type peptidique de très faible masse moléculaire relative (M_r) qui, comme la microcine B17, ne dépasse pas 4000[9]. Baquero, membre de l'équipe espagnole responsable de ce travail, m'a d'ailleurs confié personnellement que cette bactériocine est comparable à la colicine V, soulignant que Gratia est ainsi à l'origine des microcines également, ce que l'on peut considérer comme un geste élégant.

Actuellement, paraissent des articles faisant mention d'antibiotiques produits par *Bacillus* que Gratia, notamment, avait aussi observés mais avait distingués des colicines. Or, les auteurs de ces articles récents semblent ignorer ce fait et étendent l'emploi du terme de bactériocines pour désigner des antibiotiques produits par des bactéries à Gram positif dont certains *Bacillus*. Ce fait est peut-être contestable car la définition initiale de Jacob *et al.* (1953) ne s'applique pas réellement aux données relatives à l'action de ces antibiotiques de *Bacillus* ou *Lactobacillus*, d'ailleurs intéressants eux-aussi[10].

La parenté avec les phages dont question plus haut s'est davantage confirmée avec les bactériocines de *S. marcescens*, dont on vient de dire qu'elles sont de deux catégories distinctes[11]. En effet, celles qui sont actives sur *S. marcescens* sont des queues de phages. J'ai eu la chance d'isoler une souche de *Serratia marcescens* qui produit à la fois une colicine active sur *E. coli* et deux bactériocines qui, au microscope électronique, se révèlent être des queues de phage. L'une de ces bactériocines (A) est active contre *S. marcescens*, mais l'autre (B) est

---

[9] F. Baquero *et al.* J. Bacteriol. (1978) 135, 342

[10] R.W. Jack *et al. Microbiol. Rev.* (1995) **59**, 171.

[11] W. H. Traub, Bacteriocin and phage typing of *Serratia*, *in* : A. Graevenitz et S.J. Rubin, ed., *The genus Serratia* (CRC Press Inc., Boca Raton, Fla, 1980) pp. 80-100.

exceptionnellement active sur *E. coli, Shigella sonnei,* certaines souches mutantes de *Salmonella* mais non *S. marcescens*. De plus, la même souche se trouve être à l'origine d'un phage virulent qui utilise le même récepteur que la bactériocine de type queue de phage (B). Par surcroît, le récepteur commun de ces deux agents, phage et bactériocine B, est le même que celui d'autres phages de provenances diverses, les uns virulents (isolés à Hong-Kong), les autres tempérés isolés à Liège[12].

Facteurs Col et naissance de la plasmidologie

Une somme impressionnante de travaux ont depuis montré l'importance des colicines et de leurs facteurs génétiques, que ce soit en biologie moléculaire des membranes et en physiologie cellulaire, en génétique ou même en biotechnologie, et il en sera largement question dans les chapitres suivants. Cela, Gratia n'a pas eu l'occasion de l'apprendre, mais il l'a prévu : *Le problème des colicines doit avoir des relations avec celui des ultravirus mais aussi avec les gènes, avec les phénomènes d'induction ou de transmission de caractères, tous sujets qui, selon l'expression de Craigie, semblent bien être des pièces détachées de puzzle appartenant au même tableau. Or, quand on sait combien ce tableau domine la scène des recherches sur le cancer, par exemple, on peut entrevoir les développements fondamentaux inattendus que pourrait bien avoir le problème des colicines*[13].

Les bactériocines, qu'elles soient des protéines diffusibles de taille variable ou qu'elles aient une structure plus complexe, correspondent donc à une partie du phage dépourvue de son acide nucléique assurant sa reproduction. Les déterminants génétiques de la production de colicines (ou d'autres bactériocines) sont localisés, parfois sur le chromosome, mais le plus souvent sur des éléments génétiques ajoutés (plasmides), appelés facteurs colicinogènes (ou facteurs Col) par Fredericq qui les a découverts, et leurs fonctions sont inductibles (cf. chap. VII). La

---

[12] J. P. Gratia, *J. Gen. Microbiol.* (1989) **135**, 23.

[13] A. Gratia, *Les Antibiotiques autres que la pénicilline*. Masson et Cie, Paris (1948), p. 62.

production de microcine B17 est également gouvernée par un plasmide (pMcc).

Comme d'autres, les plasmides pCol ou pMcc peuvent contenir plusieurs gènes dont les fonctions sont distinctes. Je rappelle qu'en 1925 le coli V a été isolé chez un lapin mort de septicémie. Ce n'est pas par hasard. En effet, Williams Smith établit un lien entre la virulence de la bactérie et la production de colicine V, mais il fait remarquer que la colicine V n'est pas elle-même toxique pour l'animal. Il a ensuite été découvert que pColV contient deux gènes en plus de celui de la colicine : l'un code pour une résistance de la bactérie au sérum, l'autre pour une aérobactine qui capture le fer, même quand la bactérie ne se multiplie pas, et qui, de ce fait, confère à la bactérie le pouvoir de se développer dans le sang[14]. On a isolé depuis beaucoup de souches d'*E. coli* qui possèdent des plasmides du type pColV parmi celles récoltées dans le sang de patients malades atteints de septicémie.

---

[14] H. Williams Smith, *J. Gen. Microbiol.* (1974) **83**, 95 ; P. H. Williams, *Inf. Imm.* (1979) **26**, 925 ; J. S. Stuart *et al.*, *J. Bact.* (1980) **143**, 35 ; V. de Lorenzo *et al.*, 1986, *J. Bact.* **165**, 570.

CHAPITRE VI

Phages et colicines frappent à la porte de la cellule bactérienne

Parmi les virus bactériens, les phages caudés

En 1942, Helmut Ruska applique à l'étude des phages la microscopie électronique dont son frère Ernst est l'inventeur. Puis, Salvatore Luria[1] et Thomas Anderson examinent des préparations de phages T d'*E. coli*, qui contiennent également des microbilles de dimension donnée servant de référence. Ils photographient des particules pourvues d'une queue de l'ordre de 100nm, par le bout de laquelle elles se fixent sur la surface des bactéries[2].

En fait, il existe d'autres morphologies possibles des particules de phage, déjà visibles sur les premières électromicrographies de Ruska portant sur plusieurs phages. Comme deux d'entre eux ont été isolés par Gratia (le staphylophage polyvalent BH et l'univalent BLS), Ruska lui demande de joindre son nom à la

---

[1] Salvatore Luria est né à Turin en 1912. Salvador E. est un prénom d'emprunt car, pour assurer sa protection de militant anti-fasciste à un moment critique, il a voulu passer pour un espagnol et il lui suffisait de changer le "t" de Salvator(e) en "d".

[2] H. Ruska, *Arch. f. d. ges. Virusforsch* (1942) **2**, 345 ; S. E. Luria *et al.*, *J. Bacteriol.* (1943) **46**, 57 ; *ibid.* (1951) **61**, 179 ; T. F. Anderson, *Cold Spr. Harb. Symp. quant. Biol.* (1953) **18**, 197.

publication. Gratia, modeste, décline cette offre mais, dans une communication à l'Académie de Médecine de Belgique, il décrit ainsi les photos avec beaucoup d'enthousiasme : *Les formes sont de trois types principaux : les uns sont des grains sphériques certains sont allongés comme de petits bâtonnets et d'autres enfin, sont constitués d'un corps sphérique et d'un prolongement caudal qui fait penser à des spermatozoïdes. Mises en liberté par la destruction du bacille, ces dernières formes paraissent s'orienter dans la direction d'une nouvelle victime*[3].

Ruska avait donc vu ce que, beaucoup plus tard, on a photographié dans diverses préparations de phage. Mais Delbrück avait, entre-temps, découragé les "naturalistes du phage" de s'intéresser aux différents types de phage en les invitant à s'atteler davantage à l'étude des seuls phages T. *Throw them away*, répondait-il à ceux qui lui montraient des micrographies électroniques de phages aux formes diverses. Ainsi, la forme en bâtonnet caractérise le virus de la mosaïque du tabac et les phages spécifiques du "sexe" des bactéries (cf. chap. VII). La forme sphérique (icosahédrique non caudée) caractérise beaucoup de virus animaux, mais aussi le phage ϕX-174 de Sertic et Boulgakov (cf. chap. IX). Parmi les phages caudés, il en est qui ont des têtes allongées et des queues souples en points d'interrogation, comme le phage $\phi\gamma$ ou le phage UC1[4].

A propos de la queue des phages caudés, je me rappelle une confidence d'Hubert Chantrenne sur une investigation menée en 1943, donc à une époque où les fonctions de cet organe, qui caractérise ce type de virus, étaient totalement inconnues. Gratia venait d'informer son entourage d'un pre-print de l'article de Ruska. Chantrenne, alors à Liège dans le service de physico-chimie, est intéressé par cet appendice des phages caudés décrits par Ruska. Avec Raymond Jeener, lui-aussi à Liège, l'idée lui vient de procéder à une étude de la cinétique moléculaire. Il se demandait en effet si la diffusion du phage ne résulterait pas de l'activité de cet appendice caudal qui pourrait bien être un

---

[3] A. Gratia, *Bull. Acad. R. Med. Belg.* (1943) **9**, 606.

[4] D. A. Marvin et H. Hoffman-Berling, *Nature*, London, (1963) **197**, 517 ; C. M. Calberg-Bacq *et al.*, *Intervirol.* (1976) **6**, 98 ; M. C. Lundigran *et al.*, *J. Virol.* (1983) **45**, 700.

flagelle. En effet, dans ce cas, on pouvait s'attendre à ce que la diffusion du phage dans la gélose dépende de facteurs influençant un processus biochimique, notamment la température. Mais ses expériences sur les effets de variations de température n'ont pas permis d'aboutir à une telle conclusion. En effet, comme on l'a montré plus tard, la queue de la particule sert uniquement à la fixation et à la pénétration du matériel génétique dans le corps bactérien. Notons cependant que certains bactériophages sont dotés d'une organisation assez extraordinaire. Par exemple, la queue du phage T4 comprend un manchon constitué d'une protéine contractile de type myosine facilitant le processus de pénétration de l'ADN phagique dans le corps bactérien. La partie terminale de la queue des phages T2 et T4 est complexe et contient plusieurs appendices interagissant avec la paroi de la bactérie. Elle n'est pas sans rappeler la structure fine, également examinée au microscope électronique, de l'extrémité d'un flagelle de spermatozoïde bovin, par exemple. Le phage T4 est d'ailleurs un modèle pour l'étude de la morphogenèse de structures subcellulaires et du contrôle génétique de ce processus, comme le montrent déjà les travaux d'Edward Kellenberger à la fin des années cinquante[5].

Fixation des phages sur des récepteurs membranaires

Avant que soit connue la nature particulaire des phages et avant l'examen au microscope électronique des bactéries infectées, le mode d'action des phages était étudié indirectement. Les travaux effectués à l'IPB dès les années vingt ont apporté des indications sur les étapes de l'infection dont la première est une phase de fixation. Certains processus sont simplement physiques, d'autres sont biochimiques et dépendent de facteurs externes : température, pH, électrolytes...

[5] E. Kellenberger, J. Séchaud et A. Ryter, *Virology* (1959) **8**, 478 ; E. Kellenberger, *Adv. Virus Res.* (1961) **8**, 1 ; Morphogenesis of phage and its genetic determinants, *in* : M. Sela, ed., *New Perspectives in Biology* (Elsevier, Amsterdam, 1964) **4**, p. 234

La fixation peut être inhibée en traitant les bactéries par des immunsérums spécifiques et même non spécifiques. Ainsi, en 1931, Gratia montre avec Willy Mutsaars que le sérum de lapin neuf inhibe l'action des phages anti-staphylococciques suite à l'agglutination des bactéries, mais que ce sérum inhibe l'action des phages sur *Staphylococcus aureus* et non celle des phages sur *S. epidermidis*. Mutsaars montre ensuite que le sérum n'a aucune action sur les phages, mais qu'il retarde la fixation[6]. Reprenant l'étude de cette question en 1948, Marie-Paule Beumer-Jochmans montre que le sérum de lapin neuf inhibe la fixation du phage sur les extraits des staphylocoques sensibles à l'action protectrice de ce sérum, mais n'empêche pas la fixation sur les extraits des staphylocoques qui y sont insensibles. Dans ce dernier cas, la fixation est inhibée par le sérum antimicrobien spécifique. A ma connaissance, l'étude de cette question paraît en être restée là[7].

Vers 1925, J. da Costa Cruz, au Brésil, et D. Jaumain et A. Meuleman, en Belgique, observent la diminution du titre en particules formatrices de plages après contact de suspensions diluées avec des émulsions denses de bactéries et attribuent cette observation à la fixation sur la paroi des bactéries. P. Levine et A. Frisch en 1933 et F.M. Burnet en 1934 montrent alors que des extraits de souches de *Salmonella* et *Shigella* inactivent les phages auxquels ces souches sont sensibles, c'est-à-dire que des structures membranaires fixent ces phages de façon irréversible et ne permettent plus à ces phages d'infecter une bactérie sensible[8]. En 1947, Jacques Beumer extrait d'une même bactérie sensible à deux phages différents les substances réceptrices correspondantes[9].

Au début des années cinquante, l'allemand Wolfhard Weidel isole, à partir de la membrane externe de la bactérie sensible au phage T1, une fraction qui neutralise ce phage mis en contact avec la préparation. Au microscope électronique, il apparaît une structure globulaire fixée à l'extrémité de la queue du phage.

[6] A. Gratia et W. Mutsaars, *C. R. Soc. Biol.* (1931) **106**, 943 ; W. Mutsaars, *Ann. Inst. Pasteur* (1933) **51**, 605.

[7] M. P. Beumer-Jochmans, *Ann. Inst. Pasteur* (1949) **76**, 263.

[8] F. M. Burnet, *J. Path. Bact.* (1934) **38**, 285.

[9] J. Beumer, *Mém. Acad. R. Méd. Belg.* (1961) **4** (3), 1.

Cette image est absente dans les préparations de bactéries résistantes à T1[10]. Ce travail, fructueusement suivi par l'école allemande de Tübingen, trouve son origine dans une information donnée par Elie Wollman[11]. En effet, Weidel lui demandait quel sujet intéressant en microbiologie pouvait être exploité par lui, biochimiste, et Wollman lui avait répondu que les récepteurs de phages en étaient un d'après ce qu'il savait des travaux effectués en Belgique.

L'analyse comparée des parois de souches sensibles à des phages donnés et des mutants résistants qui en dérivent montre que la surface des bactéries sensibles présente une configuration physico-chimique répondant à l'organe de fixation de la particule de phage. En 1952, Theodor Puck montre avec L. Tolmach que le phage T1 se fixe sur les groupes aminés de la surface d'*E. coli* B, tandis que T2 se fixe sur les groupes carboxyles[12].

Fixation des colicines

Après que la notion de fixation des phages sur des récepteurs spécifiques fût acquise, on doit à Fredericq en 1946, puis à Paul Bordet et Beumer en 1947, d'avoir mis en évidence que les colicines, elles aussi, se fixent sur des récepteurs membranaires. Chez *E. coli* et espèces voisines, on a identifié depuis les gènes correspondants sur la base des travaux de Fredericq ; ils sont répartis sur tout le chromosome bactérien. C'est par voie immunologique que Bordet et Beumer démontrent l'existence de récepteurs spécifiques des colicines dans la membrane externe des bactéries sensibles : les germes sensibles à une colicine douée de pouvoir antigénique sont protégés contre son action, non seulement par les immunsérums contre cette colicine, mais

---

[10] W. Weidel, *Ann. Inst. Pasteur* (1953) **84,** 60 ; W. Weidel et E. Kellenberger, *Biochim. Biophys. Acta* (1955) **17,** 1 ; W. Weidel *et al.*, *Z. Naturforsch.* (1954) **9b**, 573.

[11] E. L. Wollman, communication personnelle.

[12] réf. *in* : J. Beumer, M. P. Beumer-Jochmans, J. Dirckx et D. Dekegel, *Bull. Acad. R. Méd. Belg.* (1965) **5** (9), 749 ; J. Beumer, E. Hannecart-Pokorni et C. Godard, Bacteriophage receptors, *Bull. Inst. Pasteur* (1984) **82**, 173.

également par les immunsérums actifs sur les bactéries sensibles, tout comme dans la réaction de da Costa Cruz pour les phages. En étudiant les conditions optimales pour l'extraction de la substance réceptrice correspondante, révélée par le fait qu'elle inactive la colicine, ils observent des analogies qui l'unissent à la substance réceptrice d'un bactériophage, dont le spectre d'activité est comparable à celui de la colicine. Les récepteurs proprement dits (que l'on sait actuellement être des domaines qui peuvent être différents au sein d'une même substance, protéine ou polysaccharide) sont distincts car les mutants résistants au phage gardent leur sensibilité à la colicine, et *vice versa*. Le récepteur du phage T6 et celui de la colicine K sont communs, ainsi qu'on l'a vu plus haut. Mais la situation est quand même complexe car il s'agit d'une protéine dont l'activité semble dépendre du lipopolyoside[13].

Structure des enveloppes bactériennes

Indubitablement, les recherches sur les récepteurs de phages et de bactériocines et sur le mode de fixation de ces agents ont été l'occasion de développer l'étude de la structure et des fonctions des membranes bactériennes. Elles ont permis de préciser les différences entre bactéries à Gram négatif et bactéries à Gram positif au niveau de la structure de leur enveloppe. En matière de biologie moléculaire des enveloppes bactériennes, l'analyse du mode d'action des antibiotiques et des enzymes bactériolytiques a, de son côté, apporté une contribution très importante. Je pense notamment aux travaux de J.M. Ghuysen et de son groupe qui ont fait l'objet d'un article important en 1968 ("Citation Classic") sur l'analyse de la structure des parois cellulaires de bactéries à Gram positif comme *Bacillus megatherium, Micrococcus lysodeikticus* et *Staphylococcus aureus*. C'est la première étape vers la définition précise de la muréine ou matrice rigide de la

---

[13] P. Fredericq, *C. R. Soc. Biol.* (1946) **140,** 1189 ; *ibid.* (1948) **142**, 855 ; P. Bordet et J. Beumer, *C. R. Soc. Biol.* (1948) **142,** 259 ; *Bull. Acad. R. Méd. Belg* (1949) **14**, 116 ; W. F. Goebel et M.A. Jesaitis, *J. Exp. Med.* (1952) **96,** 425.

paroi formée d'unités disaccharide-tetrapeptide assemblées sous la forme d'un hétéropolymère appelé *peptidoglycane* en 1966. Les acides téichoïques des parois de bactéries à Gram positif sont associés covalentiellement au peptidoglycane[14]. Plus tard, le groupe de Ghuysen démontre que les cibles des β-lactamines et la plupart des β-lactamases forment une famille d'enzymes à sérine possédant une structure tridimensionnelle particulière et sont les produits d'une évolution divergente[15].

Avec Ghuysen, Jacques Coyette montre que certains récepteurs de phages chez les bactéries à Gram positif ne se forment qu'après liaison des acides téichoïques au peptidoglycane[16]. A la même époque, dans d'autres laboratoires, on étudie également l'influence, dans la sensibilité à un phage ou à une colicine, de la conformation des lipopolyosides de la membrane externe des bactéries à Gram négatif comme *E. coli*, dont l'enveloppe, faut-il le rappeler, est différente de celle des Gram-positifs. Un cas remarquable est celui des phages U3 et C21. Ces phages s'adsorbent sur la membrane externe d'*E. coli* au dépens des sucres contenus dans la partie interne du lipopolyoside ou "core R", U3 sur le résidu galactose et C21 au niveau du glucose fixé à l'heptose situé plus en profondeur. Les bactéries qui sont sensibles à U3 sont résistantes à C21 pour des raisons stériques, la présence du résidu galactose bloquant l'accès au glucose situé en amont. En effet, une mutation *galE* entraîne l'absence de la galactose-épimérase responsable de la liaison du résidu galactose au core R, avec comme conséquence la perte du récepteur d'U3. En revanche, l'accès du phage C21 à son récepteur devient possible et la souche alors résistante à U3 est désormais sensible à C21[17].

---

14 "Citation Classic" in Current Content, *Life Sciences* (1989) **32,** 23 : J. M. Ghuysen, Use of bacteriolytic enzymes in determination of wall structure and their role in cell metabolism, *Bact. Rev.* (1968) **32**, 425

15 J. M. Ghuysen, Serine β-lactamases and penicillin-binding proteins, *Annu. Rev. Microbiol.* (1991) **5**, 379.

16 J. Coyette et J. M. Ghuysen, *Biochemistry* (1968) **7**, 2385.

17 A. M. C. Rapin et H. Kalckar, The relation of bacteriophage attachment to lipopolysaccharide structure, *in* : G. Weissbaum *et al.*, ed., *Microbial toxins* (Academic Press, New York, 1971) pp. 267-307 ; G. Watson et K. Paigen, *J. Virol.* (1971) **8**, 669.

Action létale des colicines et des phages virulents

Parmi les étapes qui suivent la phase de fixation, il y a l'action létale exercée tant par les colicines que par les phages virulents après leur fixation sur des récepteurs spécifiques. Mais, ainsi qu'il avait été notifié dès leur découverte, les colicines ne se développent pas comme les phages. A la différence des colicines et des phages virulents, les phages tempérés, une fois fixés sur leurs récepteurs n'exercent pas d'action létale et peuvent entrer dans une phase latente à l'état de prophage. Il y a donc matière à de nombreuses investigations comparatives qui apportent beaucoup d'informations en physiologie cellulaire.

Après traitement des phages virulents par une forte dose d'UV qui neutralisent l'ADN ou en vidant les phages de leur contenu en ADN pour en étudier les "fantômes", ainsi que Roger Herriott l'a fait en 1951 avec le phage T2, on peut comparer l'action des protéines létales des phages virulents à celle des colicines[18].

On a montré que l'action létale des colicines et des phages virulents est un processus indépendant de leur fixation. En effet il existe des mutants de résistance croisée aux colicines K, E et F dont la mutation affecte un autre locus que celui qui correspond aux récepteurs encore accessibles de ces colicines et qui sont distincts. Il s'agit d'une tolérance au niveau d'une certaine étape commune dans l'action létale de ces différentes colicines. Dandeu, Billault et Barbu montrent qu'après avoir atteint la membrane cytoplasmique, ces colicines ont en effet en commun d'agir sur la vitesse de sortie du potassium intracellulaire[19].

Inversement, les colicines d'un même groupe, peuvent avoir des modes d'action différents à d'autres niveaux, alors qu'elles utilisent le même récepteur membranaire. C'est le cas des colicines E. En particulier, comme l'a montré le Belge Thierry Boon, le mode d'action de la colicine E3, qui diffère nettement de

---

[18] R. M. Herriott, *J. Bacteriol.* (1952) 61, 252 ; P. Fredericq, *C. Soc. Biol.* (1952) **146,** 622; *ibid.*, 1406 et 1442 ; S. E.Luria, Colicins and the energetics of cell membranes, *Scientif. American* (1975) **233**, 30.

[19] J. P. Gratia, *Ann. Inst. Pasteur* (1964) **107** (suppl. 5), 132 ; R. Nagel de Zwaig et S. E. Luria, *J. Bacteriol.* (1967) **94,** 1112 ; J. P. Dandeu, A. Billault et E. Barbu, *C. R. Acad. Sci* . (1969) **269,** 2044.

celui des colicines E1 et E2, s'apparente à celui de la toxine diphtérique[20].

Influence du calcium

Vers 1940, des travaux sur l'influence des électrolytes dans la fixation des phages sont menés indépendamment en Belgique par Gratia et par Beumer. Les motivations de ces deux auteurs sont radicalement opposées. Gratia souhaite obtenir un maximum de particules de bactériophage libre dans ses préparations. Celles-ci se font à base de "matériel vitreux", formé au cours de l'infection de bactéries par le phage dans les conditions de lyse confluente dans une gélose semi-fluide séparée de la gélose basale par de la cellophane. Pour limiter la fixation du phage libre sur les bactéries ou débris bactériens au moment de la récolte, il lui faut connaître la composition du milieu utilisé pour la récolte du phage la plus inhibitrice possible de cette fixation. Par contre, Beumer, responsable du service de lysotypie, si utile en épidémiologie, cherche à déterminer les conditions optimales pour observer l'activité de phages-étalons sur un grand nombre de souches bactériennes à caractériser. Il faut donc que la gélose contienne les cofacteurs permettant une fixation maximale des phages[21].

J'ouvre, à ce propos, une petite parenthèse. Dans leur travail sur la recherche de propriétés bactériolytiques menée à l'Institut Pasteur du Brabant et rapportée plus haut (cf. chap. III), Gratia et Dath avaient utilisé un grand nombre de boîtes de Petri. Néanmoins, plus tard, quand Beumer, de retour à Bruxelles après ses recherches entreprises à l'étranger, se lance dans la lysotypie, il est surpris de voir que les boîtes de Petri en usage à l'IPB sont rares. A son tour, il en fait venir, informé, non par Gratia alors installé à Liège, mais par les laboratoires étrangers où la boîte de

---

[20] T. Boon, *Proc. Natl. Acad. Sci.USA* (1972) **69**, 549.

[21] A. Gratia, *Bull. Acad. R. Med. Belg.* (1941) **5**, 232 ; *Arch. f. d. ges. Virusforsch.* (1942) **2**, 325 ; J. Beumer et M. P. Beumer-Jochmans, *Ann. Inst. Pasteur* (1951) **81**, 490.

Petri est d'utilisation courante. C'est un exemple d'occasions manquées de communication entre chercheurs belges.

Dès 1925, Henri Stassano et A.C. de Beaufort, à Strasbourg, puis Bordet et Renaux, à l'IPB, observent que l'activité lytique de certains bactériophages est inhibée ou ralentie dans les milieux oxalatés ou citratés[22]. Gratia interprète ces observations comme l'effet d'une perte en calcium et, pour le démontrer, entreprend l'expérience suivante. Il lave en plusieurs fois, à l'aide de son ultracentrifugeuse à air comprimé (cf. chap. VIII), la préparation de phage dans de l'eau bidistillée ajustée à pH 7.0 ; puis il met en contact des dilutions de phage avec une suspension de bactéries sensibles, également lavées, pendant une heure en présence ou en absence d'électrolytes. Puis, il mesure la teneur en phage libre, c'est-à-dire non fixé, et déduit, par différence, le taux de fixation. Il constate que le minimum d'électrolytes à ajouter n'est pas le même pour tous les bactériophages, ni pour tous les électrolytes. Le plus actif est le calcium, mais certains phages en requièrent plus que d'autres. Beumer arrive à la même conclusion, mais développe la technique en recourant à des extraits de bactéries sensibles pour l'étude quantitative *in vitro*, notamment avec les phages de Lisbonne et Carrère. Beumer et Beumer-Jochmans vérifient que le calcium est nécessaire à l'état libre dans le milieu, car la fixation ne peut avoir lieu si les bactéries et/ou le phage sont mélangés dans un milieu sans calcium, même s'ils sont préalablement mis en contact avec le calcium[23].

Parmi les phages de la souche Lisbonne, qui ont fait l'objet des travaux de Beumer, et aussi de Jules et Paul Bordet, il y a le phage P1 isolé par Guiseppe Bertani en 1951[24]. En 1955, Ed. S. Lennox montre que ce phage est capable de transduction généralisée qui se caractérise, comme on va le voir plus loin (cf. chap.VII) par le transfert à des bactéries (*E. coli)* sensibles qu'il

---

[22] H. Stassano et A.C. Beaufort, *C. R. Soc. Biol.* (1925) **93**, 1380 ; J. Bordet et E. Renaux, *Ann. Inst. Pasteur* (1928) **42**, 1317.

[23] A. Gratia, *loc.cit.* ; J. Beumer et M-P. Beumer-Jochmans, *Ann. Inst. Pasteur* (1955) **89**, 394.

[24] J. Bordet et P. Bordet, *Ann. Inst. Pasteur* (1946) **72**, 161 ; *ibid.*, 331 ; J. Beumer *et al.*, *Ann. Inst. Pasteur* (1966) **110**, 727 ; G. Bertani, *J. Bacteriol.* (1951) **62**, 293.

infecte d'un court segment du chromosome de la bactérie où il s'est développé et qui est dite donatrice[25]. Pour ces expériences, cet auteur recommande l'addition de $2x10^{-5}$ M Ca^{2+} pour la fixation de ce phage sur la bactérie donatrice d'abord et pour la bactérie réceptrice ensuite.

Dans les observations initiales sur l'influence du calcium, notamment dans les expériences de Bordet et Renaux, le citrate affecte la lyse sans qu'il soit précisé si c'est la fixation qui est en cause ou l'une ou l'autre étape ultérieure. On vient de voir que, pour certains phages, c'est bien la fixation qui requiert le calcium. Pour d'autres phages qui exigent le calcium, la fixation est normale en l'absence de cet ion. Ainsi, Robert Wahl, de l'Institut Pasteur, observe que la multiplication du phage C36, et non sa fixation, exige une concentration optimale de $2x10^{-4}$ M $CaCl_2$[26]. Comme on va le voir, il y a encore d'autres exemples où plusieurs niveaux dans l'infection peuvent être mis en évidence par ces expériences sur le calcium.

Colicines-enzymes et enzymes de phage

On a vu plus haut que l'infection de staphylocoques par des phages peut engendrer la formation de lysines détruisant des staphylocoques morts. Il y a certaines colicines qui exercent des fonctions enzymatiques, et plusieurs exemples d'enzymes d'origine phagique ont pu être mis en évidence chez *E. coli*.

Ainsi qu'il est mentionné plus haut, les colicines ont des modes d'action divers, même parmi les colicines du groupe E. Ainsi, à la différence des autres colicines E, la colicine E2 est une endonucléase non spécifique qui dégrade l'ADN[27]. En ce qui concerne les phages, dont la fixation est suivie de la pénétration du génome phagique et dont le développement aboutit à la libération de particules à la faveur d'une lyse, il y a activité enzymatique à plusieurs niveaux. L'existence d'une telle activité a

---

[25] E. S. Lennox, *Virology* (1955) **1**, 190.
[26] R. Wahl, *Ann. Inst. Pasteur* (1946) **72**, 73 ; M. H. Adams, *J. Gen. Physiol.* (1949) **32**, 579.
[27] K. Schaller et M. Nomura, *Proc. Natl. Acad. Sci. USA* (1976) **73**, 3989.

d'abord été révélée à la suite de l'étude du phénomène de "halo" découvert par Gratia en 1921[28]. En 1929, Victor Sertic démontre en effet que ce phénomène de halo est du à des lysines. Il le montre de la façon suivante. La plage est entourée d'un halo qui s'accroît avec le temps d'incubation, même quand on rompt la gélose dans la zone du halo trouble. Il extrait le contenu du halo et observe la lyse de bactéries préalablement tuées par le chloroforme. Or, mortes, elles ne peuvent évidemment permettre le développement du phage et la lyse qui en résulterait. Cette enzyme n'est obtenue d'aucune manière à partir de la bactérie non infectée.

Ces données sont confirmées dans d'autres cas où le halo est bien visible. Ainsi, en 1937, Gratia compare de nombreux phages d'*E. coli* et découvre des lysines différentes selon les phages dits "lysinogènes" qui agissent sur des bactéries chloroformées de souches dites "lysino-sensibles". Il isole même une Entérobactérie qu'il appelle lui-même *Escherichia imperfectum* et qui lui sert d'indicateur pour des phages qui forment de grandes plages envahissantes. Parmi ces phages, il en est qui sont lysinogènes[29]. Plus tard, Anderson montre que l'irradiation de bactéries infectées par le phage T2 provoque la libération d'une lysine comparable au lysozyme[30].

Les phages tempérés induisent aussi la formation de lysines. C'est le cas du phage lambda, comme le révèle Jacob en étudiant, avec Clara Fuerst, le mécanisme de la lyse par ce phage[31]. Ces auteurs comparent des bactéries lysogènes défectives par mutation au niveau du prophage et montrent alors que lambda code pour une endolysine, également de type lysozyme, responsable de la lyse après développement induit du prophage. Les souches mutantes lysogènes qui sont incapables de se lyser après irradiation ne produisent pas de lysine.

---

[28] A. Gratia, *C. R. Soc. Biol.* (1921) **84,** 753

[29] V. Sertic, *Centralbl. f. Bakter.* (1929) **I**, **110**, 125 ; *C. R. Soc. Biol.* (1929) **100,** 477 ; V. Sertic et N. Boulgakov, *C. R. Soc. Biol.* (1931) **108,** 948 ; A. Gratia, *C. R. Soc. Biol.* (1937) **126,** 418 ; *Bull. Acad. R. Méd. Belg.* (1942) **7** (6), 348.

[30] T. F. Anderson, *J. Cell . Comp. Physiol.* (1945) **25,** 1.

[31] F. Jacob et C. Fuerst, *J. Gen. Microbiol.* (1958) **18**, 518.

En 1950, Lise Quersin-Thiry et Jacques Dirckx montrent que la lysine induite du phage L de Beumer, isolé à partir de la souche "Lisbonne", ne lyse pas *Shigella dysenteriae* irradié ou privé de calcium. Ces auteurs suggèrent que le calcium intervient dans la fixation de la lysine sur les récepteurs ou les cibles de cette enzyme[32].

[32] L. Querqsion-Thiry et J. Dirckx, *Ann. Inst. Pasteur* (1951) **80**, 378.

CHAPITRE VII

Bactériophages, bactériocines et génétique bactérienne

La génétique moléculaire a commencé avec la découverte de la recombinaison génétique chez les bactéries et leurs virus, d'une part, et avec la démonstration que l'ADN est le support de l'information génétique, d'autre part. Ces grandes découvertes se sont succédées entre 1943 et 1947. La preuve définitive que les virus, dont les phages, doivent leurs propriétés de reproduction à leur seul acide nucléique est apportée plus tard, de 1952 à 1962, d'abord par les expériences de marquage radioactif des constituants phagiques puis par des expériences d'infection de bactéries avec de l'ADN purifié extrait des particules de phage éclatées (cf. chap. IX). Mais avant les années cinquante, on trouve dans la littérature francophone, notamment d'auteurs belges, des observations et interprétations à consonance génétique sur les bactéries et les bactériophages. Je tâche ici de les situer dans le contexte de cette nouvelle discipline.

Préliminaire historique à la génétique bactérienne

Comme je l'ai indiqué en fin de chapitre I, à propos du genre *Mycobacterium*, très polymorphe, l'existence de mutations ou de mouvements génétiques responsables de variations n'a été reconnue que relativement tard. Il faut savoir que, longtemps encore, jusque dans les années quarante, on considérait les bactéries comme des êtres acellulaires dépourvus de noyau. Or, une mutation suppose un changement au niveau d'un organe responsable de la continuité génétique. Comment pouvait-on parler de mutations chez les bactéries dans ces conditions. D'où un certain mépris pour ces organismes et le retard dans leur étude génétique.

Chez les Eucaryotes, les travaux du début du siècle ont révélé le rôle des chromosomes en génétique et leur localisation dans le noyau. C'est l'occasion de donner quelques précisions sur la contribution belge en cette matière.

La genèse et la signification de la cellule et de son noyau n'ont été comprises que longtemps après les premières observations concernant la cellule d'un organisme pluricellulaire dues à Robert Hooke, le premier microscopiste anglais de la fin du dix-septième siècle. En 1839, avant de s'installer en Belgique, Theodor Schwann, partant d'une analyse microscopique comparative des plantes et des tissus animaux, élabore une théorie cellulaire universelle. Celle-ci, désormais, fait disparaître la barrière entre règne végétal et règne animal. Schwann suit l'évolution des cellules embryonnaires pour montrer qu'elles se multiplient et se différencient pour former un tissu (histogenèse). Il distingue cinq types de tissus et reconnaît que les cellules sont les unités fonctionnelles indispensables à la vie. Après d'autres cytologistes et embryologistes suisses ou allemands dont je ne peux ici commenter l'œuvre, le Belge Edouard Van Beneden décrit la division du noyau ; il montre que les chromosomes bien visibles à ce moment persistent sous une autre forme entre les divisions cellulaires.

A la base de l'analyse génétique, Van Beneden montre ensuite que la cellule sexuelle mûre d'un ver parasite, *Ascaris megalocephalus*, ne renferme plus que la moitié du nombre de chromosomes type de l'espèce. C'est une cellule haploïde. La fusion des gamètes ramène le nombre normal de chromosomes dans les cellules somatiques dites diploïdes. C'est donc Van

Beneden qui, en 1883, établit les bases scientifiques de la procréation sexuée. Dès 1900, Hans de Winiwarter, élève de Van Beneden, poursuit des recherches sur l'ovogenèse des Mammifères et décrit en détail les stades de la formation des cellules sexuelles ou gamètes. Dans cette étude, il note que, lors du stade appelé diplotène, chaque chromosome double ou bivalent, formé par l'accolement de chromosomes homologues, l'un d'origine maternelle, l'autre d'origine paternelle, présente un certain degré de fissuration et est alors constitué par deux branches continues accolées parallèlement. Souvent, les filaments chromosomiques s'enroulent et se tordent plus ou moins l'un autour de l'autre en forme d'X, de 8 ou de torsades. Peu après, en 1909, ces enjambements sont étudiés chez la salamandre *Brachiceps* par un autre chercheur belge, Franciscus Janssens, qui succède au chanoine Jean-Baptiste Carnoy connu pour avoir introduit la biologie cellulaire à l'Université de Louvain. Janssens interprète ces *chiasmatypies* comme des échanges de segments de chromosomes, mais sans pouvoir en inférer une signification génétique. Thomas Morgan le cite et reconnaît lui-même que le travail de Janssens constitue une étape importante vers la notion d'échange génétique. L'école américaine disposait des marqueurs génétiques que constituaient les nombreuses et fréquentes mutations de la drosophile et effectuait des croisements auxquels ne pouvaient procéder les cytologistes que je viens de citer. De plus, Bridges et Sturtevant se servaient de l'artifice cytologique que constituent les chromosomes géants des glandes salivaires de la drosophile et que Carnoy avait déjà étudiés à Louvain sous l'appellation de "boyau nucléinien"...

C'est seulement en 1942 et 1944 que C. F. Robinow réussit à mettre en évidence des nucléoïdes dans diverses espèces de bactéries. Il y parvient en traitant les bactéries par la ribonucléase pour éliminer l'ARN responsable d'une coloration intense du cytoplasme par des colorants basiques qui masque la mise en évidence de l'ADN. A la même époque, Oswald Avery et ses collaborateurs démontrent le rôle génétique de l'ADN des pneumocoques, découverte qui marque le centenaire de la naissance de Friedrich Miescher, découvreur de l'ADN. Ainsi donc, l'idée que les bactéries peuvent avoir un appareil génétique tout comme les Eucaryotes et être susceptibles de mutations commence à faire son chemin bien que les travaux d'Avery *et al.* n'aient pas reçu l'accueil mérité, car on est resté longtemps sceptique sur le rôle de l'ADN qu'on lui a reconnu plus tard selon une analyse historique de Lederberg[1].

Mutations bactériennes

En 1943, Luria et Delbrück font une expérience de biologie quantitative pour répondre à la question de savoir si la résistance aux bactériophages est due à leur action ou si elle est venue spontanément. Ils procèdent à un test de fluctuation par lequel ils montrent que les bactéries résistant au bactériophage considéré sont dues à une mutation spontanée survenue indépendamment de la présence de ce phage utilisé pour leur sélection. Ils peuvent aussi calculer l'incidence de cette mutation par bactérie à chaque génération (*mutation rate*). Ce test est basé sur le raisonnement suivant. Les auteurs répartissent une suspension diluée de bactéries dans un grand nombre de tubes de milieu limité en nourriture qu'ils laissent incuber jusqu'au plateau de la courbe de croissance. Chaque sous-culture est soumise à l'action de l'agent utilisé pour la sélection de mutants, par exemple le bactériophage virulent T1. Si la résistance est induite par T1, le nombre de mutants résistants sera sensiblement le même dans tous les tubes. Par contre, si la mutation est spontanée, le nombre de mutants doit varier considérablement d'une sous-culture à l'autre suivant le moment d'apparition du premier mutant dans chaque sous-culture, puisque le nombre de colonies résistantes au phage utilisé lors de l'étalement dépend essentiellement du temps pendant lequel ce premier mutant a pu se multiplier dans la culture[2].

Joshua et Esther Lederberg vont ensuite réaliser l'expérience définitive sur l'origine spontanée des mutations. Cette expérience

---

[1] C. F. Robinow, *Proc. Roy. Soc. B* (1942) **130**, 299 ; *J. Hyg. Camb.* (1944) **43**, 413 ; S. E. Luria, Recent advances in bacterial genetics. *Bacteriol. Rev.* (1947) **11**, 1 ; J. Lederberg, *Genetics* (1994) **136**, 423.

[2] S. E. Luria et M. Delbrück, *Genetics* (1943) **28**, 491

utilise la "technique des répliques"[3]. Elle consiste d'abord à étaler des bactéries sensibles à la streptomycine sur du milieu gélosé nutritif (MN) sans streptomycine. Ensuite, après incubation, les auteurs répliquent la boîte ensemencée sur une boîte MN avec streptomycine à l'aide d'un tampon de velours fixé à un bloc de bois. Après incubation, il apparaît une seule colonie sur ce milieu; elle est constituée de bactéries définitivement résistantes à la streptomycine. Les bactéries développées sur la boîte MN *sans* streptomycine et situées dans la zone correspondant à la colonie résistante sont prélevées. Si le mutant est formé avant la réplique et s'est multiplié sur MN en l'absence de streptomycine, l'ensemencement de ces bactéries sur une autre boîte MN sans streptomycine donnera lieu, après réplique sur MN avec streptomycine, à un plus grand nombre de colonies résistantes. C'est ce qui est observé et l'expérience est reproduite jusqu'à ce que, à partir d'échantillons dilués, une colonie de bactéries résistantes, qui n'ont donc jamais été en contact avec la streptomycine, puisse être isolée.

Mais cette histoire connaît des précurseurs, comme Lwoff l'a signalé à la réunion sur les bactériocines en mai 1964. En 1921, Gratia émet l'hypothèse que l'apparition de bactéries résistantes au bactériophage n'est pas due à une "adaptation" au bactériophage mais à la sélection de bactéries résistantes qui préexistaient dans la culture originale. En 1923, l'expérience vient confirmer l'hypothèse. Gratia utilise deux phages d'*E. coli* distincts sérologiquement et par d'autres caractères (dimension et morphologie des plages et thermosensibilité). A partir de la souche sensible, il isole des variants *Rough (R)* et *Smooth (S)*. Seuls les variants *R* sont résistants au phage formant des grandes plages et seule la forme *S* est résistante au phage à petites plages. Les conclusions de ce travail ont l'intérêt de montrer que[4] :

1) les phages d'origine distincte peuvent avoir des propriétés et spécificités différentes qui sont reproduites dans la progéniture des phages isolés à partir de plages bien séparées ;

---

[3] J. Lederberg et E. M. Lederberg, J. *Bacteriol.* (1952) **63**, 399.

[4] A. Gratia, *C. R. Soc. Biol.* (1923) **84**, 824 ; A. Lwoff, *Ann. Inst. Pasteur* (1964) **107**, suppl. au n° 5, 5.

2) la variation *S-R* étant indépendante de l'action du phage, la résistance à l'un ou l'autre phage constituent deux caractères génétiquement distincts dont l'origine est indépendante de l'agent utilisé pour la sélection de la bactérie résistante. Les mêmes faits sont décrits par Burnet en 1929[5].

Les conceptions précursives de Gratia en matière de génétique se confirment quand, en 1924, il écrit notamment : *Ces variations qualitatives stables qui survivent à la cause qui leur a donné naissance portent en microbiologie le nom de mutations, par analogie avec ce que de Vries a observé chez les végétaux...* Ou encore : *la rapidité avec laquelle les microbes se multiplient est particulièrement favorable à l'étude de l'hérédité parce qu'elle nous permet d'observer un nombre considérable de générations successives...*[6]

En 1939, Gilberte Demelenne-Jaminon fait, dans le laboratoire de Gratia, une autre observation qui concerne cette fois la colicine V. Elle isole, parmi les colonies résistantes apparaissant dans la zone d'inhibition, des petites colonies qui maintiennent ce caractère de croissance réduite après isolement et culture en dehors de la colicine. Donc, le phénotype de colonie naine ne dépend pas de la présence de colicine. Dans leur article de 1943 Luria et Delbrück signalent également que, parmi les mutants sélectionnés par le phage T1, il en est qui forment des petites colonies et qui maintiennent ces deux caractères associés après ré-isolement. Dans les deux cas, il s'agit de la même mutation "naine", qui confère une résistance croisée à la colicine V et au phage T1. Quand cette mutation *tonB* se produit à haute fréquence, elle peut apparaître spontanément en l'absence de ces agents[7]. En 1939, Gratia fait impression au IIIème Congrès de Microbiologie à New York, où il déclare comme l'aurait fait

---

[5] F. M. Burnet, *Path. Bact.* (1929) **32**, 15 ; *ibid.*, 349.

[6] A. Gratia, *Bull. Soc. R. Sci. Méd. Nat., Bruxelles* (1924) **3**, 2.

[7] G. Demelenne-Jaminon, *C. R. Soc. Biol.* (1940) **133**, 440 ; S. E. Luria et M Delbrück, *loc cit* ; J. P. Gratia, *Ann.Inst. Pasteur* (1964) **107** (suppl. au n°5 132; *Ann.Virol. (Pasteur)* (1984) **135E**, 369.

Darwin : *adaptation by passive selection of pre-existing variants is the only fact to be proven beyond any doubt*[8].

Le test de fluctuation de Luria et Delbrück étant reconnu comme une base solide pour démontrer si oui ou non un caractère nouveau est le résultat d'une mutation spontanée, Fredericq l'applique en 1946 aux mutations de résistance à diverses colicines, non seulement à la colicine V mais aussi aux colicines B, C, D, S1, S3... En 1950, c'est au tour de Welsch d'étudier différentes formes de résistance à la streptomycine de diverses espèces bactériennes sensibles. Sur la base d'une étude statistique concernant des bactéries montrant un degré élevé de résistance, il conclut à leur origine indépendante de l'action de la streptomycine utilisée pour les sélectionner. Pourtant, tout le monde n'était pas convaincu de la généralisation de cette conclusion en ce qui concerne les sulfamides et les antibiotiques en général[9]. C'était avant la découverte des plasmides R qui confèrent la résistance aux antibiotiques par un mécanisme effectivement différent de celui des mutations. L'expérience des Lederberg décrite plus haut démontrera définitivement l'origine spontanée des mutations de gènes chromosomiques conférant la résistance à la streptomycine chez *Escherichia coli* K12.

La génétique des micro-organismes se développe depuis l'isolement de mutants auxotrophes, d'abord chez *Neurospora crassa* par George Beadle et Edward Tatum en 1941, puis chez *Escherichia coli* K12 par Tatum et Joshua Lederberg en 1946. De tels mutants sont déficients au niveau de la biosynthèse d'un amino-acide, un nucléotide ou une vitamine, de sorte qu'ils ne se développent pas sur milieu minimal, à base de sels minéraux et de glucose comme unique source de carbone, sans l'apport de la substance qu'ils ne sont pas capables de synthétiser. Après échange génétique entre souches auxotrophes distinctes, la recombinaison génétique des allèles sauvages de leurs mutations

---

8 A. Gratia, Variations of *B. coli* in relation with bacterial inhibitory agents, *3rd Intern. Congr. Microbiol. New York, Abstr. Comm.* (1939) p. 276.

9 M. Welsch, *Bull. Acad. R. Med. Belg.* (1950) **15**, 454 ; A. C. Dean and C. Hinshelwood, Aspects of the problem of drug resistance in bacteria. *in* : G. Wolstenholme and C. M. Connor, ed., *Drug Resistance in Micro-organisms*, Ciba Foundation Symposium (J. et A. Churchill, London, 1957) pp. 4-24.

entraîne une prototrophie. La bactérie recombinante devient alors indépendante des substances requises par les parents et on peut la sélectionner par la colonie qu'elle forme sur milieu minimal (voir plus loin).

Les mutations affectant le métabolisme font aussi l'objet de publications importantes à l'Institut Pasteur. En 1938, Luria se rend, en effet, à Paris (et également à Liège, où il est mis au courant des techniques de centrifugation). Il présente à la séance de la Société Française de Microbiologie du 5 décembre 1946 une mise au point sur les mutations de résistance au phage. A cette occasion, il fait allusion au travail d'E.L. Wollman sur une association entre la résistance au phage T3 et une déficience dans la biosynthèse de la proline. Il suggère alors que les mutations de résistance au phage affectent profondément le métabolisme cellulaire, ce qui engendre des spéculations sur plusieurs questions qui annoncent la biologie moléculaire[10]. En fait, cette association, on l'a vu plus tard dans d'autres cas similaires, résulte de mutations de délétion qui couvrent plusieurs loci pouvant gouverner des propriétés physiologiquement distinctes.

Les mutations considérées par les généticiens bactériens sont d'abord des altérations plus ou moins ponctuelles en des loci divers déterminés par l'analyse de la ségrégation (voir plus loin), puis des délétions couvrant plusieurs gènes et/ou sites. Maintenant qu'une carte très consistante du chromosome bactérien a pu être établie sur base de l'analyse de la ségrégation après recombinaison génétique entre ces mutations, on a découvert chez les bactéries, comme chez les Eucaryotes, des duplications, des translocations et des transpositions.

Le problème des variations microbiennes

L'attention est attirée sur les modifications qui peuvent résulter de transpositions au niveau de l'expression phénotypique de gènes de structure non mutés. C'est ce qui pourrait expliquer le phénomène de variation[11].

---

[10] S. E. Luria, *Ann. Inst. Pasteur* (1947) **73**, 38 ; E. L. Wollman, *ibid.*, 348.

[11] N. D. Allgoed et T. J. Silhavy, Gernetic rearrangements caused by illegitimate recombination, *in* : R. Kucherlapati et G. R. Smith, ed., *Genetic*

Dans beaucoup de cas, la bactérie peut former des colonies d'aspects différents. Citons, par exemple, chez les Entérobactéries comme *E. coli,* la variation entre colonies *Rough,* à contour irrégulier, et les colonies *Smooth,* qui sont parfaitement lisses, bombées et à contour bien circulaire. Il s'avère que le passage d'une forme à l'autre, qui signifie un changement dans la disposition des cellules-filles après chaque division, peut résulter d'une altération dans la longueur de la chaîne externe du lipopolysoside de la membrane externe. On a vu plus haut que ces différences se manifestent également au niveau de la sensibilité aux bactériophages.

Les bactériologistes médicaux et épidémiologistes attachent beaucoup d'importance à ces variations où une souche pure peut donner lieu à deux types distincts notamment en ce qui concerne leur degré de pathogénicité. Un exemple nous est donné au sujet d'une contestation des résultats d'A. Besredka (médecin roumain ayant travaillé dans le laboratoire de Metchnikoff) par Gratia en 1924 dans un cas bien précis. Selon Besredka, la peau du cobaye ou du lapin serait le seul organe sensible à l'infection par le bacille charbonneux (*Bacillus anthracis*), les autres étant naturellement réfractaires d'après lui. Mais Gratia remarque que ce microbe est sujet à des variations[12]. Il compare deux variants d'une souche de bacille charbonneux, l'un de type diffus (D), l'autre de type agglutiné (A), et montre que la septicémie mortelle est l'exception dans le cas de la souche D et la règle après injection intraveineuse du variant A. D'autres organes que la peau peuvent être sensibles à la souche A.

A cette époque, beaucoup d'auteurs attribuaient au milieu un rôle dans les variations. Il y a l'exemple de l'interprétation des variations du bacille de Koch que donnait Gustave Gratia. Pour Jules Bordet, les microbes inoculés dans le péritoine subissent une modification sous l'influence de la vaccination de l'animal ou de tout mécanisme de défense de l'animal inoculé, en particulier

---

Recombination (Amer. Soc. Microbiol. Washington D. C., 1988) pp. 309-330; M. Syvanen, Insertion sequences, *ibid.*, p. 331.

[12] A. Besredka, *Ann. Inst. Pasteur* (1921) **35**, 421 ; A. Gratia, Variations microbiennes et infection charbonneuse. *C. R. Soc. Biol.* (1923) **89**, 826 ; *ibid.* (1924) **90**, 369 ; *ibid.*, **91**, 113.

l'exsudation leucocytaire, modification qui rend les bactéries aptes à produire du phage. Mais la notion de transfert de la modification à la descendance n'était pas claire pour beaucoup d'auteurs. Pourtant, déjà en 1924, André Gratia émettait une opinion bien tranchée à cet égard, qui correspond à l'opinion générale des bactériologistes des années cinquante : *Si cette collectivité était un ensemble homogène constitué d'éléments tous identiques entre eux, tout changement apporté par le milieu à la culture serait l'expression d'une modification individuelle uniforme et sa transmission aux générations ultérieures serait*, ipso facto, *la démonstration de l'hérédité des caractères acquis. Mais il n'en est rien...* Plus loin dans le même article (p. 11)[13] : *...C'est dans son extraordinaire hétérogénéité que le coli trouve la raison de son adaptabilité. Mais il est bien difficile de savoir si cette hétérogénéité est primitive ou secondaire ; si c'est elle qui a permis au coli de vivre dans tant de conditions différentes ou si, au contraire, c'est l'obligation pour le coli de vivre dans ces conditions différentes qui a secondairement amené son hétérogénéité...*

Mutations de bactériophages, prémisses de la génétique virale

Les mutations affectent également les virus et cela est particulièrement important, car cela démontre que le virus peut contenir un génome constitué de plusieurs gènes dont l'un ou l'autre peut être altéré. Cette notion n'était pas évidente avant 1940. Mais, déjà en 1936, Gratia isole, dans les lysats d'un phage tempéré, celui qui est produit par la souche lysogène de *Bacillus megatherium* dont il est question plus haut (cf. chap. IV), des mutants à plages claires apparaissant à faible fréquence. L'auteur observe d'abord la dissociation en plages troubles et plages claires à partir du contenu d'une plage trouble apparaissant sur une souche sensible non lysogène. Ensuite, il établit que les caractères clairs et troubles se maintiennent dans la descendance

[13] A. Gratia, Le problème des variations microbiennes. *Bull. Soc. R. Sci. Med. Nat. Bruxelles* (1924) **3**, p. 3.

et il parle déjà de mutation pour le phage à plages claires. Il constate ensuite que les différents phages sont par ailleurs identiques, notamment au point de vue de la spécificité antigénique, mais que seul le type sauvage à plages troubles est capable de lysogéniser la bactérie sensible qu'il infecte.

Simultanément et indépendamment, Burnet et Lush isolent aussi chez un staphylophage tempéré un mutant à plages claires qui a perdu la capacité de lysogéniser. Mais Gratia va plus loin[14]. Il parvient à isoler, dans les lysats de phage préparés à partir d'une plage claire, un mutant de seconde étape capable de lyser la souche lysogène dont le phage à plages troubles provient. Il obtient le même résultat, à savoir l'isolement en deux étapes d'un mutant de phage qu'il appelle "virulent", à partir de chacune des plages troubles isolées qu'il prélève.

Toute l'importance de ces observations apparaît maintenant sur la base des travaux effectués après 1950 par Guiseppe Bertani puis par Dale Kaiser, François Jacob, Elie Wollman et, dès les années soixante, par René Thomas en Belgique. Le phage produit par les bactéries lysogènes est de type *tempéré* et une partie des bactéries infectées ne se lysent pas et gardent le phage sous une forme latente appelée prophage (*réponse lysogénique*). Celui-ci confère l'immunité au phage, de sorte que les plages sont normalement troubles du fait de la croissance d'une partie des bactéries qui, après infection par le phage, ont une réponse lysogénique et continuent à se multiplier. Les mutants à plages claires ne sont plus capables de conférer à la bactérie la synthèse du *répresseur d'immunité*, de sorte qu'il n'y a plus qu'une *réponse lytique* à l'action du phage. Chez certains mutants de phage à plages claires, une (ou plusieurs) mutation(s) entraîne une résistance à l'action du répresseur d'immunité. Il en résulte la formation de mutants, alors dits *vir* pour virulents (mais à ne pas confondre avec les phages T, dits virulents parce qu'ils tuent la bactérie par leur protéine létale comparable à une colicine)[15]. Ces

---

[14] F. M. Burnet et D. Lush, *Austr. J. Exper. Biol.* (1936) **14**, 27 ; A. Gratia, Mutation d'un bactériophage du *Bacillus megatherium*, *C. R. Soc. Biol.* (1936) **123**, 1018 ; *ibid.*, 1253 ; *ibid.* (1937) **124**, 577.

[15] P. Fredericq, La génétique des bactériophages, *Handb. Virusforsch.* (1957) suppl. **3**, 27 ; A. D. Hershey, *The Bacteriophage Lambda* (Cold Spring Harbor

phages se développent au dépens des bactéries lysogènes de même spécificité d'immunité au dépens desquelles ils forment encore des plages claires. Ainsi donc, Gratia avait isolé en seconde étape un mutant comparable au λ*vir* et avait fait déjà remarquer que chaque particule est potentielle ment "virulente", selon ses propres termes, et donc génétiquement et indépendamment de la bactérie. Il faisait à cette occasion un parallèle entre des mutations de bactériophage et les variations observées au niveau du virus de la grippe concernant les caractères antigéniques, notion qui s'est confirmée bien après.

Malgré leur importance, ces observations ne furent pas suivies. *Les esprits n'étaient pas préparés* aurait dit Pasteur[16]. Il faut attendre 1946 pour que Delbrück, Luria, Alfred Hershey, Seymour Benzer isolent différents mutants de coliphages de la série T et les utilisent dans des expériences de croisement par infection mixte de bactéries sensibles. Ils espéraient ainsi ouvrir la voie à la biologie moléculaire de l'ADN. Martin Schlesinger avait antérieurement révélé, en 1934, que les phages contenaient de l'ADN (bien que les valeurs publiées soient contestables[17]), mais le rapprochement entre cette molécule et le support des déterminants génétiques n'était pas évident à l'époque, malgré les expériences de transformation du pneumocoque réalisées en 1944 (cf. section suivante). De plus, on ne connaissait pas encore bien la structure physique de la particule. La notion que l'ADN est protégé de l'extérieur par la capside ne s'est fait jour qu'après 1950, ce qui explique que le groupe de Liège en 1945 était intrigué par le fait que l'action des nucléases n'avait pas d'effet sur l'activité de quatre phages d'origines distinctes[18].

Laboratory, New York, 1971) ; R. Thomas, Bacteriophage λ : transactivation, positive control and other odd findings, *BioEssays* (1993) **15**, 285.

[16] *Le hasard ne favorise l'invention que pour des esprits préparés aux découvertes par de patientes études et de persévérants efforts, in* : Pourquoi la France n'a pas trouvé d'hommes supérieurs au moment du péril, *Oeuvres de Pasteur*, tome **VII** : *Mélanges scientifiques et littéraires* (Masson, Paris, 1939) p. 215.

[17] M. Schlesinger, *Biochem. Zeitsch* (1934) **273**, 306.

[18] R. Jeener, A. Gratia, J. Brachet, P. Manil, *C. R. Soc. Biol.* (1945) **139**, 196.

TELEPHONE
PADDINGTON 2886.

INOCULATION DEPARTMENT,
ST MARY'S HOSPITAL,
PADDINGTON. W.2.

May 25th.1932.

Dr.Andre Gratia,
Faculte de Medicine,
115, Boulevard de Waterloo.
Bruxelles.

Dear Gratia,

I got your collection of reprints and I am very grateful to you for sending them. I thought I acknowledged them at the time and must apologise most sincerely for not doing so. Sir Almroth also received a set.

Have you been doing anything more with mycolysin ? I have been amusing myself with it but have got little out beyond what you had already found. I was interested however to find that when I made a typhoid mycolysate and injected it into rabbits and into man no H agglutinins were formed, but I got a copious yield of O agglutinins only.

Come over and see us again soon.

With kindest regards,

Sincerely yours,

Alexander Fleming

Lettre d'Alexander Fleming.

YALE UNIVERSITY SCHOOL OF MEDICINE
333 CEDAR STREET · NEW HAVEN 11 · CONNECTICUT

Y OF PHYSIOLOGY

6 February 1946

Dr. A. Gratia
Institut de Bactériologie
Université de Liège
1, Rue des Bonnes-villes
Liége, Belgium

My dear Professor Gratia:

I am indeed pleased to learn that you have seen a French translation of my Atlantic article on the history of penicillin, and I very much appreciate your writing. I apologize, however, for having confused your father with you, and I shall put it right in another historical paper on the subject which is to be given in St. Louis at the American Association for the Advancement of Science meeting to be held in March. Meanwhile, I shall look forward to receiving copies of your notes which you have sent under separate cover.

You ask how I came to hear of your papers. I believe Howard Florey was the first to draw my attention to them, and a short time later a detailed résumé of them was sent to me by Dr. Bigwood of the CRB. My only regret is that I did not deal with your work in greater detail. It was drawn to my attention while the article for the Atlantic was being written, and I was not at the time able to see all of the originals.

Under separate cover I am sending you a reprint of the Atlantic article, a reprint of an earlier editorial which I wrote for the Journal of the American Medical Association, and a review of the Florey and Cairns report which appeared in the Journal of Neurosurgery. It seems to me most important to have the proper historical perspective in these matters, and I am doing all I can to make it quite clear that the concept of antibiosis did not originate in 1929 with Fleming but has a long and interesting history, one of the most important landmarks of which was your significant studies. Florey is at present engaged in writing a detailed monograph on the subject, and you will no doubt wish to make your notes available to him if you have not already done so. Sir Howard Florey's address is 16 Parks Road, Oxford, England.

Very sincerely yours,

John Fulton

J. F. Fulton, M.D.

Lettre de John Fulton.

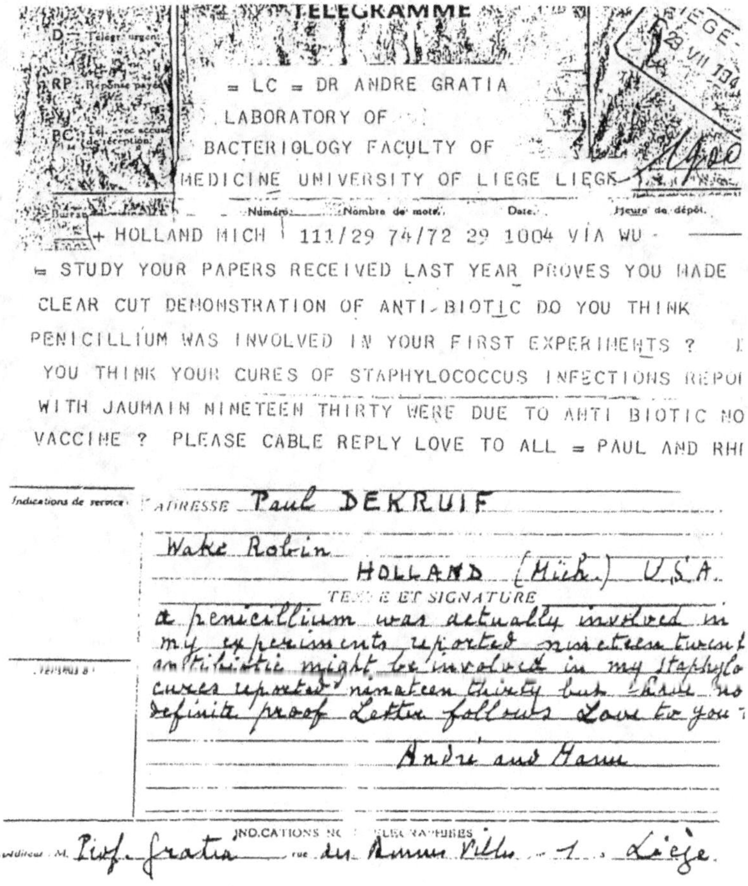

TELEGRAMME

= LC = DR ANDRE GRATIA
LABORATORY OF
BACTERIOLOGY FACULTY OF
MEDICINE UNIVERSITY OF LIEGE LIEGE

+ HOLLAND MICH 111/29 74/72 29 1004 VIA WU

= STUDY YOUR PAPERS RECEIVED LAST YEAR PROVES YOU MADE CLEAR CUT DEMONSTRATION OF ANTI-BIOTIC DO YOU THINK PENICILLIUM WAS INVOLVED IN YOUR FIRST EXPERIMENTS ? [illegible] YOU THINK YOUR CURES OF STAPHYLOCOCCUS INFECTIONS REPO[illegible] WITH JAUMAIN NINETEEN THIRTY WERE DUE TO ANTI BIOTIC NO VACCINE ? PLEASE CABLE REPLY LOVE TO ALL = PAUL AND RH[illegible]

ADRESSE Paul DEKRUIF
Wake Robin
HOLLAND (Mich.) U.S.A.

TEXTE ET SIGNATURE

a penicillium was actually involved in my experiments reported nineteen twent[illegible] antibiotic might be involved in my staphylo cures reported nineteen thirty but have no definite proof Letter follows Love to you [illegible]

André and Hanne

Expéditeur M. Prof. Gratia rue des Bonnes Villes 1 Liège.

Echange de télégrammes entre P. de Kruif et A. Gratia en 1948.

En 1946, à l'occasion de la remise des diplômes de *docteur honoris causa* de l'Université de Liège : *de gauche à droite*, Selman Waksman, Howard Florey, Jacques Trefouël, Ernst Chain (A. Gratia à l'extrême-droite) ; *à l'avant plan*, Pierre Fredericq et Maurice Welsch. Cette photo figure dans le livre de Ph. Rhodes, à la suggestion de Waksman :*with the hope that it will be of interest to those concerned with the history of antibiotics and chemotherapy.*

Usine pilote du *Centre de Recherche sur la Pénicilline et autres Antibiotiques* (CRPA) devenu, dès 1961, le *Centre National de la Production et de l'Etude de substances d'origine Microbienne* (CNPEM). A l'étage supérieur, ensemencement d'un fermenteur de 100 litres par Lucien Delcambe, docteur en chimie, responsable de l'usine pilote et qui succédera en 1974 au recteur Welsch comme directeur du CNPEM.

MEDICAL RESEARCH COUNCIL

Telegrams: 'NATINMED, MILL, LONDON.'
Telephone: MILL HILL 3666.

PRIVY COUNCIL

NATIONAL INSTITUTE FOR MEDICAL RESE .CH,
THE RIDGEWAY, MILL HILL,
LONDON, N.W.7.

14th October 1950

Dear Dr. Welsch,

I am deeply grieved to learn the sad news contained in your letter of the death of Prof. Gratia. Kindly convey to his family my deepest sympathy in the great loss they have sustained.

The passing of Prof. Gratia creates a gap in the ranks of the world's most eminent bacteriologists.

Yours sincerely

W. J. Elford.

Message de sympathie à l'occasion de la mort de Gratia portant la signature W. J. Elford : I *am deeply grieved to learn the sad news contained in your letter of the death of Prof. Gratia.... The passing of Prof. Gratia creates a gap in the ranks of the world's most eminent bacteriologists.*

UNIVERSITY OF ILLINOIS
DEPARTMENT OF BACTERIOLOGY
362 NOYES LABORATORY OF CHEMISTRY
URBANA

October 23, 1950

Dr. Maurice Welsch
Bd, de la Constitution, 32
Liege, Belgium

Dear Dr. Welsch:

It was with the greatest regret that I learned of the untimely death of Professor André Gratia. It has certainly been a great loss, not only to Belgian bacteriology but to microbiology everywhere. Please extend my sympathy to Dr. Gratia's family and to the members of his laboratory who, I am sure, are carrying on the tradition of their master.

Sincerely yours,

S E Luria

S. E. Luria

SEL:mb

Message de sympathie de Salvatore (S.E.) Luria.

UNIVERSITY OF CALIFORNIA

VIRUS LABORATORY
BERKELEY 4, CALIFORNIA

October 26, 1950

Dear Dr. Welsch:

I am very sorry to learn of the unfortunate and unexpected death of Dr. Gratia. I know that his death represents a great loss to science and expecially to his friends and colleagues in and around Liege.

I do hope that you will extend an expression of my sympathy to his family and collaborators.

I greatly appreciate your thoughtfulness in providing your letter of October 12.

With kindest regards, I am

Sincerely yours,

W. M. Stanley

WMS:dg

Dr. Maurice Welsch
Bd, de la Constitution 32
Liege, Belgium

Message de sympathie de Wendell Stanley*

* parmi d'autres : C.H. Andrewes (London), F. Chodat (Genève), J.G.Davis (Middlesex), R. Fabre (Paris), A. Fleming (London), H. W. Florey (Oxford), Galloway (Surrey), P.C. Galpin (New york), F.C. Gordon (Frederick, Md), A. Grumbach (Zurich), C. Hallauwer (Berne), P. Hauduroy (Lausanne), N.G. Heatley (Oxford), R.M. Herriott (Baltimore), C. Levaditi (Paris), P. Lépine (Paris), C.P. Miller (Chicago), T.M. Rivers (Rockefeller, NY), W.H. Schopfer (Berne), M.H. Soule (Ann Arbor), J. Tomcsik (Bâle), J. Tréfouël (Paris), S.A. Waksman (New Brunswick), P.R. White (Philadelphie)...

En 1949, Raymond Latarjet, le premier, induit des mutations virales en irradiant des bactéries infectées par un bactériophage[19]. En 1953, R.I. de Mars observe l'action mutagène de la proflavine à l'égard du phage T2. Mais en 1951 déjà, le Belge Willy Mutsaars avait montré, par une méthode originale[20], que l'acriflavine peut, indépendamment de son action mutagène, sélectionner des phages résistant à son action et dont la résistance n'est pas nécessairement le fait de mutations induites par l'acriflavine.

Transformations

En 1928, Fred Griffith, étudiant la virulence du pneumocoque à l'égard de la souris, entreprend une série d'expériences d'infections croisées. Par exemple, il injecte à la souris un petit nombre de bactéries R (Rough), qui sont avirulentes, et une grande quantité d'une culture de bactéries S (Smooth) virulentes tuées par la chaleur. La spécificité antigénique de la capsule (responsable de la pathogénicité de la forme S) est de type II, différent de celui de la souche dont dérivent les bactéries R. Malgré cela, la souris meurt et son sang contient des cellules S vivantes de type II. A ce moment, l'auteur n'interprète pas ses résultats d'expériences en termes de transformation d'un type bactérien à l'autre. Cette interprétation est due à d'autres expérimentateurs qui, en 1931, ont repris ces expériences en procédant à des mélanges *in vitro*[21]. En 1944, Oswald Avery, C. MacLeod et M. McCarthy démontrent que l'agent transformant des pneumocoques contenu dans les extraits chauffés des bactéries S de type capsulaire determiné est de l'ADN pur. Cette donnée scientifique, actuellement considérée comme historique, établit donc que l'ADN est le support de l'information génétique, mais elle ne fut pas considérée à cette époque avec le sérieux qu'elle méritait.

---

[19] R. Latarjet, *C. R. Acad. Sci.* (1949) **228**, 1354.

[20] R. I. De Mars, *Nature* (1953) **172**, 964 ; W. Mutsaars, *Ann. Inst. Pasteur* (1951) **80**, 73.

[21] M. H. Dawson et R. H. P. Sia, *J. Exptl. Med.* (1931) **54**, 681.

En 1954, à l'occasion d'autres travaux sur la transformation des pneumocoques, entrepris par Rollin Hotchkiss et par Harriett Ephrussi-Taylor dès 1949, le Belge René Thomas effectue ses premiers travaux de génétique bactérienne au laboratoire de Biologie physico-chimique à Paris[22].

Recombinaison génétique

Après une conjugaison entre deux bactéries, une transduction d'un marqueur par un bactériophage ou une transformation, on peut sélectionner les produits d'une recombinaison génétique. Celle-ci s'opère soit par la substitution de gènes d'un parent donneur aux allèles du chromosome de la souche-hôte (recombinaison *substitutive* ou crossing-over d'échange) soit par l'insertion d'un ensemble de gènes dans ce chromosome (recombinaison *additive*).

Lederberg et Tatum découvrent en 1946 la recombinaison génétique par conjugaison chez *E. coli* K-12 à la suite d'une recherche délibérée : croisement entre souches auxotrophes distinctes (mutations **b, c, d, g**) et sélection de bactéries prototrophes (++++), c'est-à-dire capables de se développer sur milieu minimal. Dans un croisement, les parents choisis diffèrent par plusieurs autres mutations qui ne sont pas impliquées dans la sélection, par exemple la non-fermentation d'un sucre comme le lactose ou le galactose, la résistance à un phage ou à la streptomycine, et qui marquent le chromosome en divers loci (*a, e, f*). Chaque colonie constitue un clone où s'est produit un évènement-recombinaison par crossing-over en divers points entre les mutations **b, c , d** et **g**. L'analyse des colonies révèle une ségrégation des marqueurs non sélectionnés *a, e, f,* comme ceci :

[22] O. T. Avery, C. M. MacLeod et M. McCarty, *J. Exptl. Med.* (1944) **79**, 137 ; H. E. Ephrussi-Taylor, *Cold Spr. Harb. Symp. quant. Biol.* (1951) **16**, 445 ; R. Thomas, *Biochem. Biophys. Acta* (1955) **18**, 465.

chromosomes parentaux	*a*	+	**c**	+	*e*	+	**g**
	+	**b**	+	**d**	+	*f*	+
chromosomes recombinants	+	+	+	+	+	*f*	+
	a	+	+	+	*e*	+	+
	+	+	+	+	*e*	*f*	+
		etc.					

Puis, peu après 1950, notamment à l'Institut Pasteur, sont solées des souches à haute fréquence de transfert de marqueurs Hfr). A partir d'elles, le transfert est partiel, unidirectionnel (ne e faisant que de la souche donatrice à la souche réceptrice F^-) et vec un gradient de fréquence à partir d'un site donné du hromosome bactérien, appelé origine de transfert O. Ce site O 'a pas la même localisation d'une souche Hfr à l'autre. Après lusieurs croisements aux dépens de ces souches Hfr différant ar l'origine de transfert (O_1, O_2,....O_n) et aussi par le sens du ransfert, suivis de l'analyse des recombinants, Wollman et Jacob btiennent différents groupes de liaison génétique. En les uperposant, ils établissent une carte génétique cohérente : elle orrespond à un chromosome unique et circulaire. A ce moment, n 1959, Fredericq dit au néophyte que je suis alors : *C'est une elle représentation de résultats génétiques mais c'est tout à fait ontraire à ce qu'on connaît en biologie*. Il faut attendre 1963, uand John Cairns réalise le marquage autoradiographique de 'ADN bactérien, pour confirmer la nature circulaire du hromosome bactérien[23].

Parallèlement, Benzer, Delbrück et Bailey, Doermann, Hershey et Rotman, Luria procèdent à des croisements entre des nutants des coliphages virulents T2 et T4, établissent une carte énomique et analysent la recombinaison génétique et la éplication de l'ADN. En France, ces travaux sont suivis de ceux

[2]3 J. Lederberg et E. L. Tatum, *Nature Lond.* (1946) **158**, 558 ; J. Lederberg, . L. Cavalli et E. M. Lederberg, *Genetics* (1952) **37**, 720 ; W. Hayes, *lature, Lond* (1952) **169**, 118 ; Fredericq P. et M. Betz-Bareau, *C. R. Soc. Biol.* (1953) **147**, 1653 ; *ibid.* 2043 ; E. L. Wollman, F. Jacob et W. Hayes, *Cold Spring Harb.Symp. quant. Biol.* (1956) **21**, 141 ; P. Fredericq, *Handb. Virusforsch.* (1957) **4/3**, 27 ; J. Cairns, *J. Mol. Biol.* (1963) **6**, 208.

de Jacob et Wollman avec le phage tempéré λ marquant la souche *E. coli* K12 des Lederberg, qui ont montré le caractère lysogène de cette souche (cf. chap. X).

Plasmides et épisomes

Peu de temps après 1950, à la suite de la découverte du prophage et de son induction, Hayes et le groupe de Lederberg découvrent le facteur de fertilité qui se transmet de la bactérie dite F^+ à la bactérie F^-, sans lien avec les caractères subissant une ségrégation. Dans une lettre à Fredericq, Lederberg avoue avoir été influencé par sa thèse de 1948. Il y était écrit : *la propriété de produire des colicines est sous la dépendance de gènes spécifiques de chaque colicine considérée. Ces gènes mis en liberté ne pourraient-ils induire chez une autre souche la production d'une colicine à laquelle cette souche serait précisément sensible et provoquer ainsi le phénomène de bactériophagie ?* Fredericq avait donc spéculé sur la transmissibilité des facteurs colicinogènes qu'il démontre avec Marcelle Betz-Bareau dès 1954. Lederberg et Cavalli à Wisconsin, Hayes à Londres, Wollman et Jacob à Paris, Fredericq à Liège aboutissent à la conclusion que lysogénie, fertilité et colicinogénie sont gouvernées chacune par un déterminant génétique distinct du chromosome. En 1958, Jacob et Wollman introduisent la notion d'épisome qu'ils définissent comme élément ajouté au chromosome bactérien et pouvant exister soit à l'état libre dans le cytoplasme (plasmide), soit intégré dans le chromosome bactérien[24].

Tout comme la multiplication du phage peut être inhibée par la trypaflavine, le facteur de fertilité ou plasmide F peut être inhibé dans sa réplication par les dérivés d'acridine, ce qui mène

---

[24] J. Lederberg *et al.*, *Genetics* (1952) **37**, 720 ; W. Hayes, *J. Gen. Microbiol.* (1953) **8**, 72 ; P. Fredericq et M. Betz-Bareau, *C. R. Soc. Biol.* (1953) **147**, 1110 ; P. Fredericq, *Symp. Soc. Exp. Biol.* (1958) **12**, 104 ; F. Jacob et E. L. Wollman, *C. R. Acad. Sci. Paris* (1958) **247**, 154.

au curage de la fertilité chez les bactéries F^{+}[25]. Ici, la perte du plasmide F est définitive contrairement au cas de la colicinogénie signalée dans le chapitre V. En ce qui concerne l'intégration de F dans les souches Hfr ou du prophage dans les bactéries lysogènes, Allan Campbell énonce une théorie assez révolutionnaire en 1962 : l'intégration de l'épisome a lieu par insertion linéaire d'une molécule circulaire dans la continuité du chromosome. Cette théorie s'est révélée exacte, comme il a été établi par différentes méthodes, en ce qui concerne les prophages de type λ en tout cas[26].

Depuis 1958, on a mis en évidence d'autres plasmides, en particulier, les plasmides R qui confèrent la résistance à des antibiotiques. Ils comportent des gènes qui, notamment, codent pour des enzymes neutralisant ces antibiotiques. Le danger que présentent ces plasmides R est de trois ordres :

1) la résistance est totale ;

2) les plasmides capables de conférer la fertilité sont auto-transmissibles, d'autres sont mobilisables quand un plasmide F est également présent ;

3) il peut y avoir recombinaison entre des plasmides R différents de façon à former un plasmide conférant une multirésistance à toute une population de bactéries sensibles à ces médicaments. Par surcroît, la recombinaison génétique avec d'autres plasmides peut conférer un avantage sélectif à la bactérie porteuse d'un plasmide R recombinant[27].

Expression phénotypique et régulation

Sur la base de ses travaux en 1942 sur la croissance bactérienne, Monod, avec Anna Maria Torriani, Michael

---

[25] P. Nicolle et M. Mimica, *Ann. Inst. Pasteur* (1947) **73**, 1072 ; W. Mutsaars, *Nature* (1950) **165**, 357 ; *Ann. Inst. Pasteur* (1951) **80**, 73-82 ; Y. Hirota, *Proc. Natl. Acad. Sci, Wash.* (1960) **46**, 57.

[26] références *in* A. Campbell, Genetic Structure, *in* : A.D. Hershey, ed., *The Bacteriophage Lambda* (Cold Spring Harbor Laboratory, 1971) pp. 19-24 ; J. P. Gratia, *Arch. Biol.* (1975) **86**, 1.

[27] P. Fredericq, *XIth Int. Congr. Genet.*, The Hague, 1963, abst. p. 42 ; cf. "Réfences utiles", p. 179.

Doudoroff, Melvin Cohn, David Hogness, entre autres, découvre le phénomène *d'induction enzymatique*. En fait, Emile Duclaux parlait déjà d'adaptation enzymatique à la fin du siècle dernier, pour désigner la capacité des bactéries d'utiliser certains substrats pour leur croissance après une période d'exposition à ces composés. Monod et ses collaborateurs ont montré que cette capacité correspond à la synthèse *de novo* d'une ou plusieurs enzymes. Par exemple, l'addition, dans une culture, de lactose, ou mieux d'un galactoside dit inducteur comme l'ortho-nitrophényl-*β*-D-galactopyranoside (ONPG), induit la synthèse de β-galactosidase qui scinde le lactose en glucose et galactose. Le développement de la génétique bactérienne permet à Jacob, Monod et leurs collaborateurs, dont Charles Perrin, de réaliser des expériences avec divers mutants dont ils localisent la mutation et qui révèlent l'existence de mécanismes régulateurs. En 1961, ils publient leur célèbre théorie de l'opéron-lactose[28].

Déjà en Belgique, dès les années cinquante, Jean-Marie Wiame, Marcelle Grenson et René De Deken, peut-être influencés par les travaux de Jean Brachet à Bruxelles, abordent le problème de la régulation dans le métabolisme azoté. Ils étudient spécialement l'expression génétique pour la synthèse de l'arginine chez la levure. En effet, ce processus, qui fait encore l'objet des recherches des équipes de Nicolas Glansdorff et André Piérard à Bruxelles, offre un paradigme pour l'étude moléculaire du contrôle de l'expression des gènes à un haut niveau de complexité, également chez les bactéries[29].

En ce qui concerne les virus, dont les phages, il faut attendre une période bien ultérieure à celle qui a débuté avec les travaux sur la levure. On la situe vers la fin des années cinquante, après que Jacob et Monod démontrent l'existence d'une classe

---

[28] E. Duclaux, *Traité de Microbiologie* (Masson et Cie, Paris, 1899) ; J. Monod, G. Cohen-Bazire et M. Cohn, *Biochim. Biophys. Acta* (1951) **7**, 585 ; D. S. Hogness, M. Cohn et J. Monod, *Bioch;im. Biophys. Acta* (1955) **16**, 99; C. Willson, D. Perrin, M. Cohn, F. Jacob et J. Monod, *J. Mol. Biol* (1964) **8**, 582.

[29] N. Glansdorff, Biosynthesis of arginine and polyamines, *in*:: F. C. Neidhardt *et al.*, ed., *Escherichia coli and Salmonella typhimurium Cellular and Molecular Biology* (Amer. Soc. Microbiol. Washington., 1996) pp. 408-436.

particulière de gènes dits régulateurs dans les bactéries. Mais certaines observations antérieures méritent considération.

Dès 1921, Gratia fait des observations sur des interactions entre la bactérie-hôte et le phage. La lyse est souvent précédée d'une phase de multiplication cellulaire et on peut même voir se succéder des ondes de croissance et de lyse sur milieu solide. Ces phénomènes se retrouvent à différentes occasions rapportées par Fredericq et Gratia qui en ont repris l'étude. Elles concernent même la lyse en présence de sucres non-fermentescibles. Dans le cas de bactéries déficientes au niveau de la perméase, cela peut actuellement s'expliquer, la β-galactosidase étant libérée à la faveur de la lyse bactériophagique. Mais, cela n'a évidemment pas pu être recherché à l'époque où ces différentes bactéries ont fait l'objet de ces observations[30]. D'autres auteurs ont aussi décrit des phénomènes d'alternance entre activité lytique d'un phage et stimulation de croissance ou d'un processus métabolique (cf. chap. X, transduction additive).

En revanche, certains travaux font état de réponses contraires à l'action du phage, comme une diminution du quotient respiratoire et l'incapacité d'enzymes adaptatives[31]. Les interactions entre phage et bactérie sont complexes et leur analyse implique celle de systèmes bien définis, où des mutations nombreuses sont requises pour identifier les mécanismes génétiques de la régulation chez la bactérie et chez le phage.

Des mécanismes régulateurs importants ont été étudiés à partir de 1960 par le groupe "Pasteur" et d'autres laboratoires aux USA et au Japon. Les premiers modèles concernent l'opéron lactose d'une part et l'opéron tryptophane d'autre part. Dans le premier, l'activité du groupe des gènes de la fermentation du lactose dépendent de deux séquences génétiques, l'une servant d'opérateur, l'autre de promoteur. Quand le produit d'un gène régulateur, le répresseur, est lié à l'opérateur, le site promoteur ne peut servir à la transcription des gènes *lac*$^+$; l'ARN messager n'est pas formé et les enzymes ne sont pas produits. Par contre, en présence d'un inducteur comme l'ONPG signalé plus haut, le

---

[30] A. Gratia, *C. R. Soc. Biol.* (1921) **84**, 275 ; *Acta Biol. Belg.* (1942) **3**, 315 ; P. Fredericq et A. Gratia, *Ann. Inst. Pasteur* (1950) **79**, 612.

[31] J. Monod et E. L. Wollman, *Ann. Inst. Pasteur* (1947) **73**, 937.

répresseur est inactivé et il y a transcription. Dans le cas du tryptophane, c'est le produit de la synthèse qui, arrivé à une certaine concentration, joue le rôle de co-répresseur et il y a arrêt des fonctions de synthèse de cet acide aminé. Dans les deux cas, il s'agit d'un contrôle négatif[32]. Mais dans d'autres cas, comme celui de la fermentation de l'arabinose chez *E. coli*, le contrôle est positif, l'arabinose servant d'adjuvant à l'effecteur lequel joue le rôle inverse du répresseur[33].

Depuis les travaux de Jacob sur le phage lambda, on a mis en évidence des fonctions régulées négativement chez les phages comme chez les bactéries. Mais René Thomas révèle, avec Christine Dambly et Martine Couturier, l'existence d'un contrôle positif direct de certaines fonctions du phage λ. Cela concerne les fonctions dites *tardives* de ce phage, comme la maturation en particules. Connu pour maîtriser avec la même aisance mathématique et expérimentation, Thomas s'engagera plus tard dans l'analyse dynamique, par simulation, des réseaux de régulation génétique en général[34].

---

[32] F. Jacob et J. Monod, *Cold Spring Harb. Symp. quant. Biol.* (1961) **26,** 193; A. Matsushiro *et al., Biochem. Biophys. Res. Comm* (1962) **9**, 204.

[33] E. Englesberg *et al.*, *J. Bacteriol.* (1965) **90,** 946.

[34] R. Thomas, Bacteriophage λ : transactivation, positive control and other odd findings, *BioEssays* (1993) **15,** 285 ; From bacteriophage lambda to nonlinear dynamics, *Gene* (1998) **223**, 103.

CHAPITRE VIII

Les virus, que sont-ils, que font-ils ?

Selon les conceptions actuelles, les microbes sont des micro-organismes plus ou moins autonomes, procaryotes comme les bactéries ou eucaryotes comme les trypanosomes ou les levures. Par contre, les virus ne se développent qu'au dépens de cellules qu'ils infectent et leurs fonctions sont régulées comme celles des cellules-hôtes. Mais, jusqu'au début du siècle, la notion de virus était imprécise à telle enseigne que les auteurs utilisaient ce vocable pour désigner les bactéries. Inversement, on comprend encore souvent les virus parmi les microbes. On sait aujourd'hui que les virus sont des entités infra-cellulaires, mais qui peuvent exister sous une forme extra-cellulaire. Certains virus peuvent être infectieux même sans sortir des cellules. Ainsi, les virus herpétiques passent de cellule à cellule à la faveur de ponts intercellulaires. On peut faire la même remarque pour les plasmides bactériens.

Pendant longtemps, on a confondu les Mycoplasmes avec les virus filtrants, ce qui aurait compromis, jusque dans les années quarante, l'élaboration du concept moderne de virus. Certains manuels assez récents hésitent encore à parler de bactéries pour les *Chlamydiae* qu'ils classent plutôt comme des micro-organismes intermédiaires entre virus et bactéries. Il en est de même des *Rickettsiae*, que d'aucuns rangeaient, il y a peu encore, parmi les gros virus. En fait, il a pu être établi, d'après l'analyse des ARN ribosomiaux, que Mycoplasmes, Chlamydies et Rickettsies sont bien des bactéries mais devenues dépendantes des tissus animaux ou humains par suite de déficiences dans leurs biosynthèses.

Dès qu'on a pu confirmer au microscope électronique les données de l'ultrafiltration et de l'ultracentrifugation sur la nature virale des bactériophages, on a progressé en virologie en partant de l'étude de ces agents. Mais bien avant cela, déjà en 1932, André Gratia est convaincu de la nature virale des phages et veut le démontrer en les comparant aux virus des plantes. Après quelques années de recherche, il expose ses conclusions dans une conférence, donnée le 4 août 1935 au Congrès Vétérinaire de Bruxelles, qu'il introduit comme suit : *Tout argument invoqué en faveur d'une théorie* (celle de Jules Bordet sur la nature diastasique du bactériophage) *peut aussitôt être interprété avec plus ou moins de facilité par l'autre* (nature virale du phage) *et l'on s'éternise ainsi devant un dilemme sans issue. J'ai pensé qu' il fallait sortir la question du terrain où l'on tourne en rond et la porter sur un autre terrain similaire. C'est pourquoi je vais essayer d'aborder comparativement le problème des virus de plantes et de tirer ensuite les conclusions que cette confrontation comporte.*

Dès 1892, Dimitri Iwanowsky établit qu'une maladie contagieuse chez une plante, comme la "mosaïque" du tabac, peut être transmise à des plantes saines par des broyats de feuilles infectées, préalablement filtrés à travers des pores suffisamment petits pour retenir les microbes. On parle alors de "*fluidum contagiosum*". Lorsqu'en 1905, la notion de virus filtrant est introduite en pathologie animale au sujet de la stomatite aphteuse, on s'empresse de considérer le *fluidum contagiosum* de la mosaïque du tabac comme un virus filtrant. En 1935, Wendell Stanley parvient à cristalliser le *fluidum contagiosum* de la mosaïque du tabac (TMV, pour *tobacco mosaic virus*) jusqu'à l'obtention d'aiguilles observables au microscope ordinaire et qui recèlent toutes les propriétés infectieuses. La cristallisation révèle une propriété jusqu'alors dévolue aux seules substances inanimées et remet en question la définition même de la vie, puisqu'il suffit de dissoudre la poudre cristalline dans de l'eau pour que le TMV retrouve tout son pouvoir infectieux.

La sérologie, méthode de pointe en virologie

De 1932 à 1935, avant la découverte de Stanley, Gratia publie une série de travaux, en grande partie avec la collaboration de Paul Manil, montrant la pluralité sérologique des virus des plantes dont celui de la mosaïque du tabac. A chaque virose correspond un antigène spécifique distinct, totalement étranger au végétal normal car cet antigène ne se rencontre que dans les tissus infectés et conserve ses propriétés propres, même après passage chez des hôtes différents. Ils observent en outre que l'antigène caractéristique de l'agent pathogène, et non du végétal sensible, se retrouve chez les plantes apparemment saines, mais qui sont porteuses de virus ainsi que le montre l'inoculation de filtrats de leurs tissus à des variétés sensibles. C'est apparemment une situation comparable à celle des bactéries lysogènes. La virulence est donc liée à la présence dans la plante malade de l'antigène spécifique, capable de réagir avec l'antisérum correspondant.

Quand Stanley puis Bawden et Pirie obtiennent cet antigène à l'état de protéine cristallisable, Gratia et Manil se demandent si cet antigène cristallisé est lui-même virulent ou bien s'il n'est pas contaminé par du virus, par un phénomène d'entraînement pouvant se répéter à chaque recristallisation. En 1937, ils mélangent la protéine spécifique de la mosaïque du tabac, qu'ils réussissent à cristalliser, avec d'autres virus que le TMV[1], par exemple l'agent de la nécrose du tabac ou même des bactériophages. Mais les résultats obtenus ne permettent toutefois pas de confirmer l'hypothèse, assez séduisante, d'un entraînement de virus par cristallisation d'un produit chimique inerte.

D'autre part, Gratia et Manil rejettent l'idée de Duggar et Karrer, émise déjà en 1921, selon laquelle le virus de la mosaïque

---

[1] A. Gratia, *Bull. Acad. R. Med. Belg.* (1935) **17**, 208 ; A. Gratia et P. Manil, *Arch. f. d. ges. Virusforsch.* (1939) **1**, 21 ; W.M. Stanley, *Science* (1935) **81**, 644 ; *ibid.* (1936) **83**, 626 ; F. C.Bawden, N. W. Pirie *et al.*, *Nature* (1936) **138**, 1051 ; *Brit. J. exptl Pathol.* (1938) **19**, 251.

du tabac serait un gène car le virus, ne passant pas dans les graines, n'est pas transmis héréditairement. Cela est vrai aussi pour les plantes dites porteuses de virus, ou "carriers", dont les descendants ne possèdent plus l'antigène virulent et peuvent être infectés expérimentalement par le virus introduit de l'extérieur par inoculation[2].

Pour l'agent de la mosaïque du tabac, tout comme pour les bactériophages, apparaît à nouveau l'opposition entre conception exogène d'un virus et la conception endogène d'un principe émanant de l'hôte. Pour Stanley et pour Northrop, le virus se multiplierait dans le corps de l'hôte à partir d'un précurseur inactif par un processus d'autocatalyse. La relation entre virus et précurseur serait analogue à celle de la trypsine par rapport au trypsinogène. Mais Gratia et Fredericq ne sont pas d'accord avec cette comparaison. Pour eux, quand le virus de la mosaïque du tabac est introduit dans la plante, la situation est la même que quand un phage attaque une bactérie : il en résulte la production d'une protéine antigéniquement semblable à celle du virus infectant[3].

La toupie flottante des virus

Encore à l'encontre de l'idée de Stanley que l'agent de la mosaïque du tabac serait une simple protéine cristallisable, Gratia va chercher dans l'ultracentrifugation un moyen qui lui permette de trouver une ligne de démarcation entre particules de virus et molécules protéiques. Ce sera l'occasion de faire une comparaison entre bactériophages et virus végétaux ou animaux. De 1934 à 1939, il compare des phages d'origines variées et sérologiquement distincts et les virus de la vaccine, de la mosaïque du tabac et de la grasserie du ver à soie. Martin Schlesinger montre que le phage utilisé sédimente après centrifugation ordinaire, à l'inverse des substances protéiques, et

---

[2] B. M. Duggar et J. L. Karrer, *Ann. Missouri Bot. Garden* (1921) **8**, 343 ; *ibid.* (1923) **9**, 191 ; A. Gratia et P. Manil, *C. R. Soc. Biol.* (1936) **123**, 509.
[3] A. Gratia, *J. Biol. Chem.* **L2**, février 1922 ; A. Gratia et P. Fredericq, *C. R. Soc. Biol.* (1937) **126**, 906.

devrait être constitué de particules ayant un diamètre de 90 à 120 mμ. Par les techniques d'ultrafiltration qu'ils ont mises au point, Elford et Galloway évaluent les particules de leur phage à 30mμ. Victor Henri, alors professeur de Chimie Physique à Liège et spécialisé en matière de cinétique enzymatique, informe Gratia de l'existence d'une ultracentrifugeuse hautement performante. Il s'agit de la centrifugeuse à air comprimé que le physicien français Emile Henriot a conçue en 1927 avec Huguenard à l'Université de Bruxelles. Avec l'aide du Fonds National Belge de la Recherche Scientifique, Gratia installe dans son laboratoire le premier modèle construit à Paris par la firme Bardet. Elle peut propulser un rotor sans axe (comme une toupie flottante) à la vitesse de 200.000 tours par minute. En fait, Gratia utilise trois rotors dont les champs maximum de gravitation sont respectivement 80.000, 270.000 et 400.000 x g. Il peut alors établir une échelle de taille en comparant la gravitation requise pour sédimenter 90 pour cent de chaque type de particules au bout de 15 minutes.

Une deuxième étape très importante est la mise au point de la *centrifugation fractionnée* qui préfigure les méthodes ultérieures de la biologie cellulaire et de la biologie moléculaire. Gratia utilise des tubes en ébonite, ou "lusteroïd", qui, après centrifugation, sont rapidement congelés dans la neige carbonique et découpés en tranches dont le contenu est titré après décongélation. A cette occasion, il confirme d'abord que le phage est particulaire ; il montre ensuite que le phage a gardé toute son activité dans la fraction inférieure[4]. Par contre, les protéines testées (staphylotoxine, alexine, agglutinine, actinomycétine) ne montrent pas beaucoup de différences entre la fraction supérieure et le tube témoin non centrifugé.

Gratia et Manil procèdent également à l'étude des effets des hautes pressions avec la collaboration des Français J. Basset et Michel Macheboeuf. Ils montrent que certains virus de plantes

---

[4] Th. Svedberg, *Naturwissenchaften* (1934) **22,** 225 ; Bechold et M. Schlesinger, *Bioch. Zeitsch* (1931) **236,** 387 ; W. J. Elford et Galloway, *Brit. J. Expt. Pathol.* (1937) **18,** 115 ; E. Henriot et Huguenard, *J. Phys. Nov.* **19**, 27 ; A. Gratia *C. R. Soc. Biol.* (1934) **117**, 1228 ; *Bull. Soc. Chim. Biol.* (1936) **18**, 208 ; *Bull. Acad. R. Med. Belg.* (1939) **4**, 19 ; A. Gratia et L. Goreczky, *Z. Imm.* (1938) **93**, 18.

soumis à des pressions croissantes sont inactivés au même degré que certains bactériophages et virus animaux tels que le virus de la vaccine ; d'autres, par contre, se comportent plutôt comme des protéines à ce point de vue[5].

Virus à ADN et stimulation de la synthèse d'ARN

En 1937, Gratia demande la collaboration d'André Paillot pour étudier les virus responsables de la maladie appelée grasserie du ver à soie[6]. Tous les virus d'insectes étudiés jusqu'alors se multiplient à l'intérieur des noyaux de certaines catégories de cellules vivantes et sont des parasites hautement spécialisés. Parmi eux, le virus de la grasserie du *Bombyx mori* provoque la formation de polyèdres, inclusions réfringentes de forme cristalloïde assez régulièrement hexagonale. Par suite de la destruction des noyaux et de la cellule, les inclusions passent dans le sang où ils forment une multitude de minuscules granules à la limite de la visibilité au microscope, ce qui donne un aspect laiteux.

Gratia trouve un mûrier dans le jardin de l'Institut de Physiologie, et en récolte les feuilles pour nourrir des vers à soie. Avec Paillot, il saigne les vers prêts à coconner, quand ils ont atteint leur taille maximum, les uns normaux servant de témoins, les autres inoculés avec du sang virulent par voie buccale huit jours avant et dont le sang est devenu opaque et comparable à un lait de poule. La centrifugation ordinaire ne permet pas d'isoler les grains ultramicroscopiques et d'en vérifier la virulence. Ils ont alors recours à l'ultracentrifugeuse à air comprimé. Après centrifugation à 90.000 x *g*, le sérum gras des vers malades est devenu aussi limpide que le sérum normal. Le culot du sang normal est translucide, de consistance muqueuse et contient de la fibrine. Le culot du sérum du ver gras est, au contraire, opaque, jaunâtre et de consistance pulvérulente ; l'ultramicroscope montre des granules dont la virulence est vérifiée par inoculation de

---

[5] J. Basset, A. Gratia, M. Macheboeuf, P. Manil, *Proc. Soc. Exp. Biol. Med.* (1938) **38**, 248.

[6] cf. Note en annexe, p. 115.

préparations de granules purifiés à des vers normaux. Les expérimentateurs font alors la découverte suivante.

Après avoir été saignés, les vers normaux et gras sont dépouillés de leur tube digestif et congelés, puis finement broyés dans un presse-fruit. Après ultracentrifugation du suc obtenu, des granules apparaissent dans le culot, que les vers soient normaux ou gras. Mais les granules des vers gras sont distincts de ceux des tissus sains par leur aspect et, ce qui est plus important, par leurs propriétés antigéniques[7].

Mais une autre différence apparaît. Elle est d'une grande importance. Pendant la guerre, Gratia reprend les recherches faites avec Manil sur les virus des plantes en bénéficiant de la collaboration de Jean Brachet et Raymond Jeener, qui apportent, en quittant l'Université de Bruxelles occupée, leurs méthodes histochimiques et microchimiques spécifiques en matière d'acides nucléiques. Ensemble, ils établissent la présence d'ARN et d'ADN dans les corps de Guarneri de la vaccine et montrent que la composition de ces granules diffèrent de celle de la chromatine, du nucléole et du cytoplasme de la cellule infectée. Enfin, leurs études sur la grasserie du ver à soie mènent aux conclusions suivantes :

1) le taux des deux acides nucléiques augmente chez les vers gras par rapport aux vers sains ;

2) les polyèdres dans le sérum des vers malades renferment beaucoup d'ADN et seulement des traces d'ARN et ceux des noyaux ne contiennent que de l'ADN ;

3) les granules extraits des tissus sains broyés ne sont constitués que d'ARN.

Nous sommes en 1945. Ces faits, qui sont en bon accord avec les observations antérieures de 1938, révèlent que :

a) le virus de la grasserie du ver à soie contient de l'ADN ;

b) son introduction dans la larve de *Bombyx mori* aboutit non seulement à la reproduction de ce virus, sous la forme de granules et polyèdres spécifiques renfermant ce même acide nucléique,

---

[7] A. Paillot et A. Gratia, *Arch. f.d. ges. Virusforsch.* (1939) **1**, 120 ; A. Gratia et A. Paillot, *ibid.*. (1939), **1**, 130.

mais aussi à la stimulation de la biosynthèse d'ARN endogène, associée à l'hypertrophie des cellules infectées[8].

Dès 1942, Bergold et Schramm confirment les données de Gratia et Paillot et, poussant plus loin l'analyse chimique des polyèdres, ils isolent la protéine responsable de la virulence. Albert Claude isole aussi, par ultracentrifugation, des granules virulents du sarcome de Rous, tandis qu'il sépare des tissus de poule normale des granules fort semblables mais non virulents et qu'il appelle *microsomes*. Les deux types de granules sont constitués de nucléoprotéines, mais leur fraction nucléique est constituée uniquement d'ARN. On conçoit donc l'intérêt de l'étude de la grasserie du ver à soie puisque, là, on peut distinguer les acides nucléiques viraux et ceux des cellules-hôtes. Il est donc utile de signaler ce point important[9].

Depuis, virologie et biologie cellulaire évoluent parallèlement car les travaux que je viens de décrire et ceux de Claude ont amené progressivement la notion que les virus peuvent être assimilés à des constituants cellulaires "mutants" et se substituer à des composantes de la cellule non infectée, d'où parfois leur cytopathogénicité.

[8] A. Gratia, J. Brachet et R. Jeener, *Bull. Acad. R. Med. Belg.* (1945) **10**, 72.

[9] A. Claude, *Science* (1940) **91**, 77 ; G. Bergold et G. Schramm, *Biol. Zbl.* (1942) **62,** 103 ; R. Jeener *et al.*, *C. R. Soc. Biol.* (1945) **139,** 196 ; R. Jeener, *Adv. Enzym.* (1956) **17,** 477.

Notes en annexe

a) **Victor Henri** était et demeure un exemple rare de professeur multinational et universel comme le révèle son *curriculum vitae*. Né à Marseille en 1872, il fait ses études supérieures à Paris, Saint-Petersbourg et Göttingen : chargé de cours de Physiologie à la Sorbonne et à Moscou, il donnait aussi le cours de chimie physique à Zurich et à Liège. Il publia plus de 500 notes et articles et écrivit 9 livres, de la psychologie expérimentale à la structure des molécules en passant par l'enzymologie.

b) **André Paillot** était un spécialiste des viroses d'insectes à la Station de Zoologie Agricole du Sud-Est de Saint-Genis-Laval, dans le département du Rhône[10]. A la fin de la guerre, la collaboration avec Paillot a été interrompue par sa mort. Gratia demande à l'Académie de Médecine de Belgique : *de rendre un bref, mais solennel hommage à la mémoire de celui qui a le plus grandement contribué à la connaissance de cette virose du ver à soie et de la pathologie infectieuse des insectes en général, l'éminent entomologiste André Paillot, qui vient de succomber à la fois à la tâche et aux angoisses que lui valut l'héroïque attitude de ses enfants pendant la guerre. Sa fille cadette est encore en captivité dans un camp de concentration d'Autriche, et ses trois fils, après avoir été de la Résistance pendant l'occupation, se trouvent maintenant sur le front des armées françaises. J'ai tenu à rendre hommage à celui qui fut non seulement le plus original, le plus intéressant et aussi le plus modeste des collaborateurs, mais encore le plus délicat des amis...*

---

[10] A. Paillot, *Traité des Maladies du Ver à Soie* (Doin et Cie, Paris, 1930).

CHAPITRE IX

La double hélice

La molécule d'ADN en double hélice, qui code pour la synthèse des protéines, existe partout même chez de très petits virus. Monod ne disait-il pas que c'était *la pierre philosophale de la Biologie* ? Cependant, la règle a ses exceptions.

Rayons pour casser et pour analyser l'ADN

Les travaux sur la radiosensibilité des bactéries et des bactériophages, dont l'importance en génétique et en biologie moléculaire justifie que l'on y consacre des lignes qui dépassent le cadre de cet ouvrage, ont pris un très grand essor à la fin des années quarante. Mais il faut signaler, comme Stent l'a fait d'ailleurs, que les premières observations en la matière datent déjà de 1922 et sont dues à l'Allemand Ernst Gildemeister et au Belge René Appelmans. Ces auteurs observent en effet que l'infectivité des phages est annihilée par l'irradiation (due au radium)[1]. Depuis, les effets des radiations de chaque secteur du spectre électromagnétique ont fait l'objet d'études intensives donnant des résultats qui diffèrent jusqu'à s'opposer.

---

[1] E. Gildemeister, *Ztb. f. Bakt. Org.* (1922) **89**, 181 ; R. Appelmans, *C. R. Soc. Biol.* (1922) **86**, 508.

En 1940, Eugène Wollman et Antoine Lacassagne étudient la survie des phages irradiés aux rayons X et obtiennent des courbes d'inactivation différentes selon les phages, qui sont en rapport avec leurs dimensions établies par ultrafiltration et centrifugation. Ils en concluent que la radiosensibilité des phages augmente en rapport avec leur taille ainsi établie. Le traitement d'un mélange de phages permet alors, comme le préconisent déjà ces auteurs, de séparer le phage le plus petit et donc le plus résistant aux rayons X. On précise ensuite que la sensibilité aux rayons X augmente avec le contenu en ADN. Mais, plus tard, Wahl et Latarjet montrent que l'inactivation par la lumière ultra-violette n'est pas la même selon la longueur d'onde. Quand elle est de l'ordre de 300mμ, c'est le phage le plus petit qui est le plus sensible, contrairement aux observations de Wollman et Lacassagne utilisant les rayons X. Latarjet, en 1945 avec Wahl, puis en 1947, montre que l'inactivation des phages par les UV suit une courbe exponentielle en fonction de la dose de rayonnement, qu'ils interprètent comme indiquant un processus à un coup. Mais le même auteur se ravise quand, ensuite, il observe une incurvation initiale des courbes d'inactivation avec un rayonnement UV de très faible intensité[2]. Ces études sont importantes dans le contexte des conceptions de l'époque où la présence d'ADN dans les phages et surtout son rôle biologique n'étaient pas encore bien établies. Il en sera question ci-après.

Rayons UV inducteurs de mutations et de production de virus

Dans son article *The prophage and I*, Lwoff écrit qu'avant de découvrir l'induction, par les UV, du développement du prophage dans *B. megatherium* en 1950, il avait utilisé d'autres agents susceptibles d'induire ce développement. En effet, les UV utilisés à la longueur d'onde où ils sont germicides altèrent l'ADN et ne constituent donc pas un agent physique inducteur rationnel *a*

---

[2] E. Wollman et A. Lacassagne, *Ann. Inst. Pasteur* (1940) **64**, 5 ; R. Latarjet et R. Wahl, *Ann. Inst. Pasteur* (1945) **71**, 336 ; R. Latarjet et P. Morenne, *ibid.* (1951) **80**, 220.

priori. Mais, désespérant d'obtenir des résultats avec des expériences logiques, Lwoff s'était résolu à utiliser les UV. Dans *Prophage and I*, il note que les techniciens s'étaient tellement impliqués dans les cultures qu'ils s'identifiaient avec elles. Le jour de la fameuse découverte, la technicienne lui dit : *Je suis exponentielle.* Puis, une heure après : *Je suis complètement lysée*[3].

Il faut rappeler, à ce sujet, que Gratia et Welsch n'ont pas réussi à obtenir de phage après traitement de *B. megatherium* lysogène avec le lysozyme, comme Wollman, et même avec d'autres enzymes. Pourtant, en 1921, Anne Kuttner avait observé la production de phage après traitement d'une souche de bacille typhique (*Salmonella typhi*) d'origine clinique par des enzymes extraites de tissus, dont le foie, de cobayes. Mais, d'après sa description[4], il est probable qu'il s'agisse plutôt d'un artefact. Elle aurait basé ses observations sur des bactéries *phage-carriers* ou pseudolysogènes mais non sur des bactéries lysogènes à proprement parler, où le déterminant de la lysogénie est latent.

Depuis l'expérience de Lwoff, l'induction du prophage est reproduite dans un grand nombre de cas. En 1951, Joseph Thibaut, avec Fredericq, induit la production de phage par le bacille diphtérique et, ce, malgré la grande sensibilité du phage aux UV. On montrera plus tard que cette bactérie porte un prophage (β) apparenté à lambda, que ce prophage porte le gène *tox* responsable de la production de toxine diphtérique et que ce gène est exprimé dans la bactérie, contrairement aux fonctions du phage proprement dit[5].

Comme on l'a vu dans le chapitre V, l'induction de la production de colicine ou de pyocine conduit à la lyse des cellules productrices simultanément à la production généralisée de ces

---

[3] A. Lwoff, The prophage and I. *in* : J. Cairns *et al.*, ed., *Phage and The Origins of Molecular Biology* (Cold Spring Harbor Laboratory, L.I., New York, 1966) p. 93.

[4] A. Kuttner, *Proc. Soc. Exptl. Biol. Med* (1921) **18**, 222.

[5] F. Jacob, *C. R. Acad. Sci.* (1950) **231**, 1585 ; A. Lwoff, *Ann. Inst. Pasteur* (1951) **81**, 370 ; R. Latarjet, *ibid.*, 389 ; G. Cavallo et P. Cantelmo, *C. R. Soc. Biol.* (1951) **145**, 1419 ; E. M. Lederberg, *Genetics* (1951) **36**, 560 ; J. Thibaut et P. Fredericq, *C. R. Soc. Biol.* (1952) **146**, 1627 ; V. J. Freeman et J.U. Morse, *J. Bacteriol.* (1952) **63**, 407.

deux types de bactériocines, ce qui signifie qu'elles ne sont pas sécrétées par les bactéries pendant leur croissance, mais qu'elles sont libérées par la lyse bactérienne, tout comme dans le cas des bactéries lysogènes[6].

La question était de savoir ce qui, dans l'inactivation du phage, la mutagénicité ou l'induction du prophage, était la cible de la lumière ultra-violette. En 1934, F.I. Gates montre, à l'aide d'UV monochromatiques, que la longueur d'onde la plus létale est 260mμ. Or, c'est à cette longueur d'onde que l'absorption des UV par l'ADN est maximale. L'ADN serait donc bien la cible de la radiation pour ce qui concerne tant l'inactivation des particules que l'induction du prophage. Les travaux ultérieurs ont éclairci cette "irrationalité" apparente. Que fait la radiation au niveau de l'ADN ? Un dimère de thymine, une lésion létale. Mais, et ceci est important pour comprendre la mutagénicité et l'induction, la lésion n'altère pas la totalité de la molécule. C'est ici qu'intervient ce que Miroslav Radman, dont les travaux ont débuté dans le laboratoire de Maurice Errera à Bruxelles, appelle le système SOS. L'ADN endommagé active l'action d'une protéase codée par le gène *recA*, ce qui provoque le clivage d'un répresseur (produit du gène *lexA*). A partir de ce moment, les gènes impliqués dans la réparation de l'ADN altéré sont induits et cette induction mène à l'activation d'un système de réparation qui permet la poursuite de la réplication en dehors de la partie endommagée de l'ADN. Bien entendu, si le dimère de thymine se produit au niveau d'un gène essentiel d'un phage, codant pour une enzyme précoce par exemple, le développement de ce phage sera bloqué[7].

Les différences dans les résultats sur la radiosensibilité des phages signalées plus haut entre rayons UV et X selon la taille

---

[6] F. Jacob, L. Siminovitch et E L Wollman, *Ann. Inst. Pasteur* (1953) **84**, 313.

[7] E.M. Witkin, *Proc. Natl. Acad. Sci., Wash.* (1967) **57**, 1275 ; M. Radman SOS repair hypothesis phenomenology of an inducible DNA repair... *in :* P.C Hanawalt et R.B. Setlow, ed., *Molecular mechanismes of DNA repair* (Plenum Press, London, 1975) pp. 355-367 ; A. D. Johnson *et al., Proc. Natl Acad. Sci. USA* (1979) **76**, 5061 ; J. W. Little et D. W. Mount, *Cell* (1982) **29**, 11 ; G. C. Walker, SOS response of *Escherichia coli, in* : F. C. Neidhardt *et al.*, ed., *Escherchia coli and Salmonella typhimurium cellular and molecular Biology* (Amer. Soc. Microbiol., Washington D. C., 1987) pp. 1346-1357.

des particules peut alors s'expliquer : à la différence des UV, les rayons X provoquent des cassures de l'ADN et, donc, plus longue est la molécule, plus grande est la probabilité d'une cassure irréparable.

Dès 1950, une série de découvertes dues à Dulbecco et à Luria, entre autres, ont, elles aussi, ouvert la voie à une étape importante de la biologie moléculaire de l'ADN.

1) La *photo-réactivation* qui, comme on l'a vu plus tard, consiste en la réparation de l'ADN irradié par une lumière vive, permet l'excision du dimère de thymine aux dépens d'une enzyme bactérienne, l'illumination du phage irradié avant infection de bactéries non illuminées étant sans effet.

2) La *réactivation croisée* est observée si la cellule bactérienne est conjointement infectée par un phage inactivé par irradiation et un phage non irradié et marqué à différents loci ; elle engendre la formation de phages recombinants à un taux supérieur par rapport aux bactéries infectées par le phage inactivé seul (dont l'ADN n'est pas altéré aux mêmes points dans toutes les particules).

3) La *réactivation par infection à haute multiplicité* signifie que la bactérie est co-infectée par des phages irradiés, mais qui n'ont pas été altérés aux mêmes loci. C'est donc, en partie, par le biais de ces recherches que le mécanisme de la recombinaison génétique, qui s'opère par crossing-over d'échange, a été exploré[8].

En 1955, Jacob et Wollman montrent, en accord avec la thèse d'une réparation de l'ADN irradié par voie de crossing-over, que l'irradiation de deux phages λ, génétiquement marqués et qui co-infectent la même bactérie, augmente la fréquence de recombinaison de leurs marqueurs[9].

Les expériences d'irradiation de bactéries infectées par des bactériophages, où il y a réparation par recombinaison, indiquent aussi qu'il peut y avoir réparation avec maintien de lésions non

---

[8] S. E. Luria, *Proc. Natl Acad. Sci.* (1947) **33**, 253 ; S. E. Luria et M. Delbrück, *Arch. Biochem.* (1942) **1**, 207 ; S. E. Luria et R. Dulbecco, *Genetics* (1949) **34**, 93 ; S. E. Luria et R. Lartarjet, *J. Bacteriol.* (1947) **53**, 149 ; R. Latarjet et S. E. Luria, *Ann. Inst. Pasteur* (1947) **73**, 666.

[9] F. Jacob et E.L. Wollman, *Ann. Inst. Pasteur* (1955) **88**, 724.

létales, ce qui conduit à des mutations. En 1949, Latarjet réalise alors la première mutagenèse expérimentale des phages (cf. chap. VII).

La double hélice et ses exceptions

Ainsi donc, la notion que l'ADN est le support moléculaire de l'hérédité et du code génétique, pressentie par les cytologistes et les embryologistes, essentiellement Brachet, a été définitivement démontrée par les expériences sur les bactéries et les bactériophages. Les différentes étapes sont les suivantes.

1) En 1933, Schlesinger détecte la présence de traces d'ADN dans les phages.

2) En 1936, Gratia chez *B. megatherium* et Burnet et Lush chez *Staphylococcus* révèlent l'existence de mutations de phage tempéré affectant la lysogénie.

3) En 1944, Avery et ses collaborateurs réussissent la transformation du pneumocoque par de l'ADN purifié.

4) En 1946, Delbrück et Bailey, Hershey et Rotman, Doermann, Luria et Dulbecco mettent en évidence une recombinaison génétique entre mutants de phages ou entre bactériophages irradiés.

5) En 1953, Hershey et Chase montrent que seul l'ADN du phage T2 pénètre dan,s la bactérie infectée par des expériences de marquage différentiel de l'ADN et des protéines.

6) En 1960 Sinsheimer réalise des expériences de *transfection* avec de l'ADN purifié du phage ϕX-174.

On sait que la double hélice d'ADN a bien été établie par James Watson et Francis Crick en 1953[10] sur la base de l'interprétation des images de l'ADN obtenues à l'aide des rayons X par Maurice Wilkins et Rosalind Franklin, ceci d'après la construction de modèles. Leur grande contribution a été, en outre, de révéler l'appariement entre les bases adénine (A) et thymine (T) et entre guanine (G) et cytosine (C)

---

[10] J. D. Watson et F. H. C. Crick, *Nature* (1953) **177**, 964 ; M. Wilkins *et al.*, *Nature* (1953) **171**, 738 ; R. E. Franklin et R. Gosling, *ibid.*, 740.

On sait moins qu'au cours des années qui ont précédé cette étape exceptionelle dans l'histoire de la Biologie, René Thomas avait réalisé un travail particulièrement important en découvrant la dénaturation de l'ADN. En 1949, Thomas est encore étudiant de licence en chimie lorsque son maître Brachet lui propose d'étudier la composition, en bases nucléotidiques, d'ADN différents. En calculant les spectres d'adsorption des UV des ADN et ARN d'après les nucléotides qui les composent, Thomas observe une différence considérable entre le spectre calculé et celui de l'ADN natif[11].

En ce qui concerne la dénaturation de l'ADN, je souhaite faire une mise au point historique. Avant les publications de Marmur, le phénomène de dénaturation ainsi que les méthodes qui ont permis sa découverte (choc thermique, exposition à un pH trop haut ou trop bas ou simplement à une concentration trop faible de cations) et l'interprétation du phénomène ont été entièrement décrits par Thomas dès 1952. Dans leur revue de 1963, Marmur et ses collègues ne mentionnent le travail de Thomas que pour un détail : la dénaturation sous l'effet d'une concentration trop basse en ions bivalents[12].

Pour en revenir à la fameuse question de la structure de la molécule d'ADN, Thomas est parvenu à construire le spectre théorique de l'ADN à partir des spectres de ses constituants et en tenant compte de leurs proportions. Il constate que ce spectre (absorption par atome-gramme de phosphore) excède d'environ 40 pour cent le spectre de l'ADN natif à 260 mµ. Il vérifie que ce

---

[11] R. Thomas, thèse de Doctorat en Sciences Chimiques, Université Libre de Bruxelles (1952) : The denaturation of deoxyribonucleic acids *Trans. Faraday Soc.* (1954) **50**, 304 ; *Biochim. Biophys. Acta* (1954) **14**, 23.

[12] J. Marmur, R. Rownd et C. L. Schildkraut, Denaturation and renaturation of deoxyribonucleic acid, *in* : J. N. Davidson W. E. Cohn, ed., *Progress in Nucleic Acid Research* (Academic Press, Inc., New York, 1963) **1**, 231. En fait, seul le travail de Thomas est cité dans d'autres articles, dont celui de M. Meselson et F. W. Stahl, *Proc. Natl Acad. Sci. USA* (1958) **44**, 671. (la dénaturation de l'ADN n'a pas été découverte à Boston, comme certains le pensent, mais à Bruxelles !! s'était d'ailleurs exclamé publiquement Meselson). En ce qui concerne la renaturation du DNA, le tout premier travail est dû à Jacques Fresco (R. J. Fresco et B. Alberts, *Proc Natl. Acad. Sci. USA* (1960) **46**, 311.

résultat n'est pas du à une erreur dans la détermination des coefficients d'extinction des constituants, tels qu'ils avaient été établis par Hotchkiss et par Chargaff[13]. En effet, quand on hydrolyse l'ADN, le spectre observé coïncide parfaitement avec le spectre calculé. Mais le point essentiel est qu'on peut observer un accroissement massif et irréversible de l'absorption UV en exposant l'ADN à des traitements doux dont on sait qu'ils sont sans effet sur la liaison phospho-ester entre les nucléotides (brève exposition à une température plus élevée, à un pH bas ou élevé, ou encore à une force ionique suffisamment basse).

L'interprétation que Thomas donne déjà dans sa thèse de 1952 est tout aussi explicite que les faits qu'il y expose[14] :

1) dans la molécule d'ADN natif, l'absorption UV est réduite du fait des interactions entre bases (liaisons d'hydrogène ou forces de VanderWaals) ;

2) ces interactions constituent une structure secondaire susceptible de dénaturation ;

3) la dénaturation est un effondrement de cette structure secondaire, dont la nature exacte revient à Watson et Crick.

Mais la double hélice souffre de quelques exceptions et c'est grâce à leur étude que des progrès substantiels ont été réalisés pour ce qui concerne la biologie moléculaire de l'ADN en général. En 1944, Paul Bonet-Maury et Nicolas Boulgakov étudient la structure du phage ϕX-174 isolé en 1935 par Sertic et Boulgakov. En utilisant les rayons α du radon, ils montrent la très petite taille et la structure assez simple de la particule, ce qui est confirmé ensuite par microscopie électronique. Fait important, Robert Sinsheimer révèle en 1959 que la teneur en ADN du ϕX est 80 fois inférieure à celle du phage T2, tant utilisé jusque là, et que ϕX se montre particulièrement propice à la recherche sur le mécanisme de la recombinaison génétique et de la réplication de l'ADN. Il réussit des expériences de *transfection*, c'est-à-dire qu'il obtient l'infection d'une bactérie et la reproduction du phage aux dépens de simples brins de l'ADN extrait des particules

---

[13] R. D Hotchkiss, *J. Biol. Chem.* (1948) **175**, 315 ; S. Zamenhof et E. Chargaff, *J. Biol. Chem.* (1950) **186**, 207.

[14] R. Thomas, thèse (1952) *loc. cit.* ; Structure secondaire et dénaturation des acides nucléiques, *Bull. Soc. Chim. Biol* (1953) **35**, 609.

hagiques. Il peut ainsi confirmer la thèse de l'ADN unique ubstance germinale du phage. L'expérience historique d'Alfred). Hershey et Martha Chase montrant en 1953 que l'ADN de T2 narqué au radio-phosphore pénètre seul dans la bactérie infectée, ans la protéine marquée au S^{35}, n'avait pas convaincu tout le nonde.

Il appert que l'ADN de ϕX est monocaténaire. Or, il ne equiert pas une structure en double hélice pour être infectieux et our être transfectable. On s'est alors demandé, huit ans après le nodèle de Watson et Crick, si le processus semi-conservateur de a réplication de la double hélice avait encore son utilité pour le léveloppement du phage. En fait, la chaîne d'ADN du phage ntrée dans la bactérie sert de gabarit pour la synthèse de l'autre haîne, puisque celle-ci est complémentaire de la première du fait le l'appariement spécifique des bases nucléotidiques A-T et G-C. En 1962, le Belge Walter Fiers démontre avec Sinsheimer la ircularité de la chaîne d'ADN du ϕX au cours de sa réplication, out comme dans les molécules d'ADN bicaténaire des autres hages après infection[15].

L'ARN, ancêtre de l'ADN ou son substitut ?

On sait la place que Jean Brachet occupe dans l'histoire de la Biologie moléculaire quand, en même temps que Casperson l'abord, par un lot d'expériences ensuite, il montre le rôle de 'acide "zymonucléique", l'ARN, dans la synthèse des protéines et a position entre l'acide "thymonucléique", l'ADN, et les rotéines. Je ne m'y étendrai pas, beaucoup de revues[16] y étant onsacrées. On a eu un aperçu, dans le chapitre précédent, de la articipation de Brachet et Jeener dans l'évolution de la virologie

---

5 V. Sertic et N. Bulgakov, *C. R. Soc. Biol.* (1935) **119**, 1270 ; P. Bonet-Maury et N. Bulgakov, *ibid.* (1944) **138**, 499 ; A. D. Hershey et M. Chase, J. Gen. Physiol. (1952) **36**, 39; R. L. Sinsheimer, *J. Mol. Biol.* (1959) **1**, 37; *bid.*, 43 ; *J. Chim. Phys.* (1961) **58**, 986 ; W. Fiers et R. L. Sinsheimer, J. Mol. Biol. (1962) **5**, 408 ; *ibid.*, **5**, 424.

6 D. Thieffry et R. M. Burian, Jean Brachet's altternative scheme for protein ynthesis, *TIBS* (1996) **21**, 114.

qui a progressé conjointement avec la biologie cellulaire. En 1946, encore à Liège, mais dans le laboratoire de Chimie physique, un élève de Brachet, Hubert Chantrenne, poursuit ses travaux sur la synthèse des protéines et étudie l'ARN de levure. C'est peu après que Jean-Marie Ghuysen entre en scène, avant de devenir l'un des pionniers de l'analyse moléculaire des enveloppes bactériennes.

En 1948, Ghuysen, qui est alors diplômé de l'Université de Liège d'abord en Pharmacie puis en Chimie, prépare sa thèse de Doctorat dans le laboratoire de Chimie physique où travaillait alors Chantrenne. En 1950, il montre que l'ARN extrait de la levure par le procédé de la soude se caractérise par une hétérogénéité continue. Il analyse, par chromatographie et électrotitrimétrie, les fractions obtenues par une technique mise au point dans ce laboratoire et qui consiste en une extraction fractionnée : elles ont des poids moléculaires très différents. Il s'avère cependant que la composition chimique des fractions est en fait pratiquement la même. La dépolymérisation donne naissance à un système polydispersé constitué de molécules de composition chimique relativement constante. Il s'ensuit que les bases sont réparties plus ou moins statistiquement dans toute la molécule et que la distribution des chaînes latérales fixées sur la chaîne principale présente une certaine régularité. Dans l'ARN natif de la levure, les proportions moléculaires des quatre bases sont presque identiques. A la même époque, Erwin Chargaff trouve aussi que les quantités des bases nucléotidiques complémentaires dans l'ADN, adénine et thymine, sont presque égales dans tous les échantillons examinés (de même, mais de façon moins rigoureuse, pour la guanine et la cytosine)[17]. C'est pourquoi Jean-Marie Ghuysen a noté sur une copie de son résumé qu'il m'a remise : *ça fait penser à Chargaff!!*

Maintenant, la molécule d'ADN est-elle la seule à détenir le code génétique et être l'unique substance germinale dans la reproduction ? L'ARN serait-il seulement un intermédiaire entre

---

[17] H. Chantrenne, *Bull. Soc. Chim. Belg.* (1946) **55**, 5 et 118 ; J. M. Ghuysen *ibid.* (1950) **59**, 490 ; J. M. Ghuysen et V. Desreux, *ibid.* (1952) **61**, 181 ; E. Chargaff *et al.*, *J. biol. Chem.* (1949), **177**, 405 ; *Experientia* (1950) **6**, 201 *J. cell. comp. Physiol.* (1951) **38**, suppl., 1.

l'ADN et les protéines qui donnent le phénotype ? En fait, il existe des virus à ARN, tels les rétrovirus, le virus de la mosaïque du tabac et certains phages.

Dans le cas des rétrovirus qui s'intègrent dans le génome de la cellule hôte, par exemple le VIH (virus du Sida), leur ARN est converti en ADN pour permettre leur insertion dans l'ADN nucléaire, par une réaction inverse de celle de la transcription, *via* une polymérase appelée rétro-transcriptase.

Mais la conversion en ADN n'est pas nécessaire dans le cas d'autres virus. Ainsi, Jeener, qui reprend à Bruxelles les travaux entrepris à Liège sur le TMV, confirme la nécessité de l'intégrité de l'ARN pour l'infectiosité du virus. Il met en évidence l'existence d'une période spécifique de sensibilité du virus à la ribonucléase au cours du cycle de développement du virus dans l'hôte. Il propose alors un rôle héréditaire de l'ARN équivalent à celui de l'ADN, ce qui est confirmé par les travaux de Heinz Fraenkel-Conrat et d'Alfred Gierer et Gerhard Schramm. En ce qui concerne les phages également, Sol Spiegelman montre que l'ARN des phages qu'il étudie est le seul modèle pour la synthèse de nouvelles particules[18].

Beaucoup plus remarquable encore, en matière d'agents infectieux dont la reproduction dépend de l'ARN, est le cas des viroïdes. L'infectivité d'un virus dépend de la fixation du virus sur la cellule-hôte par liaison irréversible entre la membrane de la cellule-hôte et certaines protéines du virion. Après quoi, il y a pénétration, dans la cellule-hôte, de l'acide nucléique viral jusque-là protégé par une capside. Or, plus petits que tous les virus connus, les *viroïdes* ne sont constitués que d'ARN libre. A l'origine, ils furent identifiés lors d'études portant sur une maladie des tomates et des pommes de terre. Leur résistance aux nucléases s'explique par la grande fréquence d'appariement à

---

[18] A. M. Skalka Integrative recombination of retroviral DNA, *in* : R. Kucherlapati et G. R. Smith, ed., *Genetic Recombination* (Amer. Soc. Microbiol. Washington D. C., 1988) pp. 701-724 ; R. Jeener *et al.*, *C. R. Soc. Biol.* (1945) **139**, 196 ; *Adv. Enzymol.* (1956) **17**, 477 ; H. Fraenkel Conrat, *J. Am. Chem. Sci.* (1956) **78**, 882 ; A. Gierer et G. Schramm, *Nature* (1956) **177**, 702 ; T. Loeb et N. D. Zinder, *Proc. Natl. Acad. Sci. Wash.* (1961) **47**, 282; S. Spiegelman *et al.*, *Proc. Natl. Acad. Sci., Wash* (1965) **54**, 919.

l'intérieur de la chaîne circulaire d'ARN (240-375 nucléotides) au point que celle-ci forme un bâtonnet torsadé. Une fois ces viroïdes introduits dans la cellule, il faudrait supposer qu'il existe soit des enzymes de type ARN-polymérase capables de former des chaînes de séquence complémentaires, soit des rétro-transcriptases qui permettraient leur passage à l'état d'ADN[19].

Ainsi donc, la *substance germinale* de tous les agents infectieux n'est pas obligatoirement l'ADN ou sa structure bicaténaire.

---

[19] T. O. Diener, *Ann. Rev. Microbiol.* (1974) **28**, 23 ; T. O. Diener, ed., The Viroids (Plenum, New York, 1987) ; M. A. Rezzaian, *Nucleic Acids Res.* (1990) **18**, 1813.

CHAPITRE X

Phages et plasmides, outils de travail en génétique moléculaire et en génie génétique

Transduction et recombinaison additive

Dans les années cinquante, Lederberg découvre d'abord, avec Norton Zinder, la transduction généralisée de marqueurs génétiques bactériens quelconques par le bactériophage P22 de *Salmonella*. Ensuite, avec M.L. Morse, il révèle que le phage lambda, découvert dans son laboratoire chez *Escherichia coli*, est capable de transduction spécialisée du marqueur de fermentation du galactose. Or, il venait de montrer, ainsi qu'Elie Wollman puis Pierre Fredericq indépendamment, que le prophage lambda est intégré en un site déterminé et unique du chromosome bactérien, précisément au voisinage de l'opéron galactose. Parmi les particules formatrices de plages contenues dans les lysats de phage, une petite fraction de particules transduisent spécifiquement le marqueur Gal^+ mais ne forment pas de plages ; elles sont défectives.

Le suisse Jean Weigle publie avec Werner Arber et Grete Kellenberger une première note sur "la défectuosité du phage λ transducteur" où il suggère qu'il y a substitution d'un segment d'ADN bactérien à un segment du génome phagique. Il doit alors affronter le scepticisme de Delbrück, qui ne peut croire aux travaux des Lederberg sur lambda et la transduction, pourtant si remarquables, simplement parce que ces auteurs n'avaient pas suivi les cours donnés par le Groupe Phage. Et la publication du travail de Weigle dans la revue *Virology* en 1957 eut beaucoup de mal à paraître. C'est alors qu'il entreprend une expérience de biophysique qui va démontrer l'existence d'un génome hybride dans une particule capable de transduire un marqueur génétique bactérien. L'expérience est réalisée avec M. Meselson qui, avec F. Stahl et J.Winograd, avait mis au point une technique de séparation et d'analyse basée sur un équilibre de densité après centrifugation en gradient de chlorure de césium. Les particules transductrices peuvent être produites en plus grande quantité dans un lysat quand le génome hybride défectif appelé *λdg* est déjà intégré comme prophage additionnel dans la bactérie lysogène transduite *λ/λdg* Gal^-/Gal^+ et que celle-ci est induite à la production de phage (le lysat obtenu est dit Hft, c'est-à-dire à haute fréquence de transduction). Weiglé et ses collègues américains centrifugent ce lysat Hft contenu dans une solution de chlorure de césium. Les particules transductrices se séparent alors des particules normales. Du fait de leur teneur en ADN plus grande, elles ont une densité de flottaison distincte de celle des particules de phage lambda ne portant pas le segment bactérien *gal*. Sans cette expérience, la transduction, ou toute forme d'hybridation entre un phage et un segment d'ADN distinct, serait restée une curiosité peu exploitée par la communauté scientifique[1].

A l'appui de cette acquisition importante de la génétique de phage est venue la théorie de Campbell signalée plus haut, selon laquelle le phage lambda est inséré linéairement dans la continuité du chromosome bactérien. Cette thèse reçoit une solide démonstration peu après, de 1965 à 1968[2]. Lors de la formation

---

[1] M. L. Morse, E. et J. Lederberg, *Genetics* (1956) **41**, 142 ; J. Weigle, Story and structure of the λ transducing phage, *in* : J. Cairns *et al.*, ed., *Phage and the Origins of Molecular Biology* (Cold Spring Harbour Laboratory, 1966) pp. 226-235. W. Arber, *Arch. Sci. Genève* (1958) **11**, 260.

[2] A. Campbell, Episomes. *Adv. Genet.* (1962) **11**, pp.101-145 ; *id. in* : Halvorson H. O. *et al.*, ed., *Modern perspectives of Biology* (Harper and Row, New-York, 1969) ; Genetic Structure, *in* : A. D. Hershey, ed., *The Bacteriophagre Lambda* (Cold spring Harbor Laboratory, 1971) pp.19-24.

des particules transductrices, l'excision du prophage ne se fait pas au niveau des extrémités normales du prophage. Elle résulte d'un crossing-over "illégitime" entre deux séquences plus ou moins apparentées en des points quelconques dans le prophage intégré, d'une part, et dans le chromosome bactérien au-delà de *gal*, d'autre part. Les particules de λ*dg* sont défectives et ne forment pas de plages parce qu'elles portent un génome hybride où le segment bactérien se substitue à des gènes essentiels au développement du phage.

Plus tard, on a isolé des mutants bactériens portant une délétion couvrant l'extrémité du prophage intégré, au niveau de la partie non essentielle au développement du phage. Dans ces mutants, l'excision normale du génome du phage est inhibée et il ne se forme pas de particules formatrices de plages, du moins à une fréquence normale. J'ai pu alors observer l'excision "illégitime" d'un génome comprenant tous les gènes essentiels au développement du phage (il s'agit d'un phage apparenté à lambda) et, en contrepartie de la réduction, par délétion, du génome non essentiel, un segment du chromosome bactérien. Les particules formées sont alors capables de se développer aux dépens d'un hôte sensible et de former des plages tout en transduisant un gène bactérien[3]. Un exemple est présenté dans la boîte de Petri visible sur la couverture. Des colonies de bactéries, initialement déficientes dans la synthèse du tryptophane et infectées chacune par une particule de phage portant l'allèle positif, poussent sur milieu minimal en l'absence de cet acide aminé. Elles sont entourées d'anneaux de lyse alternant avec des anneaux de croissance.

Bien que de tels phages transducteurs ressemblent aux phages vecteurs portant un gène d'origine étrangère à la suite d'une recombinaison *in vitro*, les mécanismes en cause sont différents. Néanmoins, la génétique moléculaire a progressé et l'ingénierie génétique a commencé peu après, au début des années septante.

---

[3] J. P. Gratia, *Biken J.* (1966) **9**, 77 ; *Genet. Res.* (1968) **12**, 81 ; *Arch. Biol.* (1975) **86**, 1 (*cf.* couverture, *ex* thèse 1974).

Enzymes de restriction, ciseaux de l'ADN

La souche *E. coli* φ, qui sert d'indicateur universel des colicines, a permis à Fredericq d'observer des anomalies qui correspondent au phénomène de *restriction* des phages, ainsi que le rappelle Charles Colson dans sa thèse de Doctorat défendue à Louvain en 1965. Les plages du phage T1 après passage sur *E. coli* B ont la même dimension que normalement mais leur nombre est réduit sur *E. coli* φ. Par contre, après passage sur cette souche, l'efficacité d'étalement sur *E. coli* B est restée normale. Un phénomène analogue a été décrit ensuite avec le phage T2 par Luria et Human. Son étude, à laquelle a beaucoup contribué Werner Arber, est à la base de la découverte des endonucléases de type I[4].

En fait, il existe d'autres endonucléases ; celles qui sont utilisées en génie génétique sont de type II et ont été découvertes par Hamilton Smith, co-lauréat du Prix Nobel en 1975 avec Daniel Nathans. Les endonucléases de type I reconnaissent une séquence nucléotidique déterminée, qui dépend de l'enzyme, mais coupent l'ADN à un autre site. Par contre, les endonucléases de type II coupent l'ADN au site de reconnaissance lui-même[5]. *SalI* contenue dans les préparations d'actinomycétine, dont il est question dans le chapitre III, est un exemple d'endonucléase de type II. Le plus souvent, cette coupure n'est pas bicaténaire ; elle sépare deux bases définies sur une chaîne et puis les mêmes bases sur l'autre chaîne un peu plus loin. Par exemple, l'enzyme *EcoRI* sépare les bases G et A dans un brin au niveau de la séquence G⇩AATTC reconnue par l'enzyme, puis coupe le second brin au niveau de la séquence complémentaire CTTAA⇩G quatre nucléotides plus loin, encore entre les mêmes bases A et G. Il se forme alors deux séquences monocaténaires complémentaires, qui

---

[4] P. Fredericq, *C. R. Soc. Biol.* (1950) **144**, 1140 et 1284 ; S. E. Luria et M. L. Human, *J. Bacteriol.* (1952) **64**, 557 ; C. Colson, S. W. Glover *et al.*, *Genetics* (1965) **52,** 1043 ; W. Arber et S. Linn, *Annu. Rev. Biochem.* (1969) **38**, 467.

[5] W. Arber, R. Yuan et T. Bickle, FEBS, Proc. 9th Meeting, Budapest 1974. *in*: F. Antoni et A. Farago ed., *Postsynthetric modification of macromolecules* (Elsevier, NewYork, 1975) **34,** pp. 3-22 ; H. O. Smith et D. Nathans, *J. Mol. Biol.* **81**, 419.

peuvent se ré-associer à l'aide d'une enzyme, la ligase (d'où leur appellation de "bouts collants" dans le cas de la molécule d'ADN du phage lors du passage de sa phase linéaire à sa phase circulaire). Une enzyme donnée coupe l'ADN à une séquence donnée quelque soit l'appartenance de cet ADN. Donc, avec une même endonucléase II, on peut obtenir les mêmes séquences monocaténaires complémentaires dans un phage, dans un plasmide et dans l'ADN humain par exemple.

Recombinaison in vitro

Considérons l'ADN d'un phage ou d'un plasmide et les fragments de l'ADN extrait d'une plante, par exemple, et *clivé* par une endonucléase ; on les mélange en présence d'une ligase *(ligation)* ; il se forme un ADN recombinant. Il faut, bien entendu, que l'ADN du vecteur et le segment d'ADN exogène soient obtenus après traitement par la même endonucléase de façon à mettre en présence des séquences monocaténaires complémentaires les unes avec les autres pour assurer la fusion des ADNs hétérologues.

Ensuite, il faut détecter le vecteur qui aurait incorporé ainsi l'ADN contenant le gène recherché ou utilisé. L'ADN recombinant artificiellement doit pouvoir entrer dans une bactérie ou une levure qui puisse assurer sa reproduction. La transformation *in vitro* est réalisable à condition de mettre les cellules bactériennes ou de levure dans les conditions physiologiques permettant le transfert transmembranaire sans qu'il y ait cassure ou dégradation par une nucléase. Il faut enfin qu'il y ait réplication et expression du gène recherché de façon à détecter soit le vecteur, si c'est un phage qui forme des plages riches en particules contenant l'ADN recombinant utile, soit la bactérie ou la levure qui porte le plasmide recombinant.

Concernant le phage utilisé comme vecteur, il y a un point commun entre sa construction et la transduction. Le fait d'obtenir des particules transductrices qui ont gardé leur capacité de se développer et de former des plages s'explique par le maintien du génome essentiel au développement du phage dans un ADN excisé qui n'a pas dépassé la longueur du chromosome phagique normal. En effet, ainsi qu'il est indiqué plus haut, la délétion terminale du prophage ampute ce dernier d'une partie du génome non essentiel et compense l'addition d'ADN bactérien[3]. Or, un des critères en génie génétique est précisément la longueur de la molécule d'ADN empaquetée dans la capside du bactériophage à détecter. L'ADN recombinant doit comprendre le génome phagique, réduit aux fonctions essentielles par clivage endonucléasique, et un segment d'ADN exogène contenant le gène recherché, de telle manière que sa longueur ne soit pas inférieure - ni supérieure - à celle du chromosome normal du phage ; il est alors "encapsidable". Ainsi, le phage recombinant est capable de former des plages et est, de ce fait, sélectionné.

Plasmide ColE$_1$, source de vecteurs de gènes clonés

Parmi les facteurs colicinogènes de Fredericq, le plasmide ColE1 a fait l'objet de nombreux travaux dans les années cinquante et soixante. Il présente les caractéristiques suivantes qui justifient son emploi comme source de vecteurs en génétique moléculaire et ingénierie génétique[6].

1) ColE1 est une petite molécule circulaire que l'on peut transfecter et qui ne s'intègre pas dans le chromosome de la souche transformée.

2) Il n'a qu'un seul site reconnu et clivé par l'endonucléase de restriction *Eco*RI ; le plasmide traité avec cette enzyme s'ouvre et, sans perdre un seul gène, peut inclure un segment d'ADN étranger obtenu avec la même endonucléase.

3) Le plasmide ainsi manipulé *in vitro* puis transfecté dans la bactérie est amplifiable : après traitement de la culture par le chloramphénicol, il y a réplication jusqu'à 1000 copies de ce plasmide dans la même cellule bactérienne. Après insertion de la

---

[6] T. F. Roth et D. Helinski, *Proc. Natl. Acad. Sci USA* (1967) **58**, 650 ; D. B. Clewell, *J. Bacteriol.* (1972) **110**, 667 ; D. B. Clewell et D. Helinski, *ibid.*, 1135 ; D. Bastia, *J. Mol. Biol.* (1978) **124**, 601 ; P. T. Chan *et al.*, *J. Biol. Chem.* (1985) **260**, 8925.

séquence d'ADN étranger contenant le gène choisi et ainsi cloné, la bactérie traitée au chloramphénicol possède environ mille copies du gène cloné et la quantité du produit de ce gène est alors nettement plus importante.

Dès 1963, Fredericq montre la recombinaison des plasmides Col et R. On peut donc introduire un gène de résistance à un antibiotique dans un plasmide dérivé du ColE1 pour sélectionner les souches porteuses du gène cloné sur milieu contenant l'antibiotique[7].

L'étape suivante, qui prend cours vers 1975, consiste à réaliser l'expression du gène cloné et une production substantielle du produit de ce gène. En effet, l'expression des gènes clonés n'est pas automatique dans tous les cas et nécessite la construction de plasmides possédant des séquences d'ADN impliquées dans la régulation des fonctions géniques.

Le lecteur trouvera une documentation complémentaire en matière de génétique moléculaire et de génie génétique dans les ouvrages cités plus loin ("Quelques références utiles"). Mais il me paraissait utile de souligner l'impact des recherches antérieures effectuées notamment en Belgique pour faire comprendre cette évolution et montrer l'utilité de ces études. En effet, sans le phage lambda (ou phages apparentés), les enzymes de restriction et le plasmide ColE1, on ne serait pas arrivé au stade actuel de la biotechnologie, indépendamment de toute considération sur les bienfaits et méfaits du génie génétique.

---

[7] P. Fredericq, The recombination of colicinogenic factors with other episomes and plasmids, *in* : G. Wolstenholme et M. O'Connor, ed., Bacterial episomes and plasmids, *Ciba Foundation Symposium*. (Churchill, London, 1969) pp. 163-174.

CHAPITRE XI

Place des virus et des bactéries dans le monde vivant depuis ses origines

Pendant longtemps, on ne considérait pas les bactéries comme des êtres vivants et la place des virus dans le monde vivant n'était pas claire. Le lien qui existe entre la molécule organique et la cellule reste encore une énigme. La Terre est encore loin de nous avoir livré tous ses secrets, puisqu'on a découvert récemment des bactéries géantes, des viroïdes, des prions, qu'on était loin d'imaginer il y a quelques années.

Plusieurs théories sur l'origine de la vie ont été énoncées depuis la théorie d'Alexandre Ivanovitch Oparin. Bien que souvent remise en question, cette théorie est innovatrice. Il se pourrait que la vie (sur Terre, devrait-on préciser) ait pris naissance dans les lagunes, les plages ou les bords côtiers, c'est-à-dire en des endroits secs et chauds le jour, froids et humides la nuit, qui s'assèchent, puis se réhydratent. Ces milieux riches en quartz et en argile sont favorables à l'assemblage de longues chaînes de molécules, les acides aminés en protéines, les nucléotides en acides nucléiques. Les ions de l'argile attirent la matière et l'incitent à réagir. Les oligo-éléments, qui sont le résultat de l'évolution des ions primitifs, interviennent dans les étapes ultérieures de l'assemblage. Les protéines, qui possèdent à la fois une région hydrophile et une région hydrophobe, se pelotonnent pour être en contact avec l'eau à l'extérieur et à l'écar de l'eau à l'intérieur. Alors il peut se former des membrane englobant des globules pré-vivants. Toujours selon les hypothèse en cours, la membrane éclate parfois et les molécules s dispersent ; parfois, au contraire, la membrane se renforce e assure la survie du système. C'est ainsi que s'amorce la sélectio des vésicules déjà prévue par Darwin dans sa théorie de *gemmulae*. Seuls subsistent les coacervats qui possèdent u milieu chimique adapté à l'environnement ; les vésicules qu produisent de l'énergie ont un avantage sur les autres. L coacervat est un modèle du plus élémentaire des système physico-chimiques précipités échangeant en permanence matièr et énergie avec l'extérieur. D'après Bungenberg de Jong, l coacervat est un modèle de cellule vivante et la coacervation es comparable au phénomène de coagulation. Une cellule du typ imaginé par cet auteur se forme spontanément si les condition physico-chimiques sont réalisées à partir des mêmes constituant que ceux qui contribuent à l'édification de la matière vivante[1].

Biologie moléculaire, terme à la mode, qu'est-ce?

Réduire le terme de biologie moléculaire à l'étude de l'ADN c'est se heurter aux ARN qui ont parfois, comme on vient de l voir, le rôle d'acteurs de la continuité génétique. Quant au protéines...?

Parmi les pères de la biologie moléculaire, Max Delbrück es le formulateur du "réductionnisme". Celui-ci s'est montré payar en génétique mais a d'autre part contribué au retard de l recherche par crainte d'une trop grande diversification. J'en ai fa mention plus haut, notamment à propos des mutations affectant l lysogénie découvertes en 1936. En fait, le réductionnisme exista

---

[1] A. I. Oparin, *The origins of life on Earth* (trad. du texte russe publié dan *Moskovskii Rabochi*, 1936) 3e éd (Academic Press, New York, 1957) traduction française (Masson, Paris, 1965) ; H. G. Butgenberg de Jong, L coacervation, les coacervats et leur importance biologique (Hermann et Ci Paris, 1936) ; J. Oro, S. L. Miller, A. Lazcano, *Ann. Rev. Earth Planet. Sc* (1990) **18**, 317.

déjà en physiologie avec Theodor Schwann dans son *Fundamentalversuch* où il décrit son expérience avec sa balance musculaire (Muskelwage). Son successeur, Léon Fredericq, écrit: *... il avait la conviction que les phénomènes vitaux obéissent à des lois aussi immuables que celles de la nature inanimée, et qu'ils doivent être étudiés par les procédés rigoureux usités dans les sciences physico-chimiques. Schwann ne se borne pas à tracer à l'expérimentation physiologique cette voie nouvelle, il y entre résolument le premier*[2].

W.T. Astbury, qui a étudié aux rayons X autant la protéine contractile de la cellule musculaire que les fibres orientées d'acide nucléique, est le premier auteur à parler de *Biologie moléculaire*. C'est l'occasion de signaler la contribution de Marcel Dubuisson qui occupa la chaire de Zoologie à l'Université de Liège dont il fut recteur. Ses recherches de 1930 à 1950 portèrent en effet sur la physiologie du muscle à un niveau physico-chimique.

Pourtant les physiologistes ne sont pas tous portés à partager l'enthousiasme des biologistes moléculaires. Ainsi, l'éminent biochimiste Ernst Boris Chain critiqua à maintes reprises les théories de Darwin sur l'évolution ainsi que celles concernant l'origine de la vie sur la terre. Il émit aussi des réserves sur les écrits de Jacques Monod et de Francis Crick. Il entreprit une véritable *croisade contre cette discipline qui en écrasait d'autres beaucoup plus utiles à l'homme*[3].

Place des virus dans l'évolution prébiotique

Le problème dans l'évolution vers la vie cellulaire est de savoir ce qui est apparu en premier lieu, les protéines à propriétés autocatalytiques ou les acides nucléiques codant pour les protéines. Nous savons que la règle en biologie est une relation à sens unique ADN → ARN → protéines, établie grâce aux travaux de Brachet, puis de Jacob et Monod. Mais on a vu au

[2] L. Fredericq, L'enseignement de la physiologie à l'Université de Berlin, *Revue de Belgique*, mai 1881.

[3] R. W Clark, *The life of Ernst Chain* (Weidenfeld and Nicolson, London, 1985) p. 146.

chapitre IX que cette règle souffre de quelques exceptions. En effet, chez certains virus, l'ARN est converti en ADN ou bien il constitue lui-même le code génétique. D'ailleurs, lors de l'apparition du premier peptide sur la Terre, l'ARN aurait entamé le processus de la vie *par une longue succession de bonds minuscules séparés par des phases plus ou moins longues de tâtonnements aléatoires* aboutissant à un code. Les gènes primitifs auraient été *constitués d'ARN courts correspondant à la longueur des ARN de transfert*[4].

Pour ce qui concerne la première éventualité, celle de l'apparition en premier lieu des protéines, Wendell Stanley considérait que le virus de la mosaïque du tabac était une protéine d'origine végétale dont la reproduction se ferait par autocatalyse. Selon lui, on aurait pu considérer le virus comme un modèle de développement de la vie ; l'acide nucléique se serait formé ensuite. Je reviens sur la question des protéines plus loin.

Le généticien Haldane s'est servi de l'idée que les phages pourraient constituer une forme intermédiaire de la vie pour avancer une théorie en 1929 sur les origines de la vie[5]. Mais, par la suite, est venue la notion que les phages sont des virus et que, comme eux, ils ont besoin d'un hôte pour leur reproduction, même si l'hôte n'imprime pas ses caractères au virus. Si ce dernier est formé avant, il devrait évoluer en cellule pour assurer sa reproduction. Tant que la cellule n'est pas faite, on ne voit pas comment il pourrait se reproduire et évoluer vers une cellule.

Place du virus dans l'évolution de la cellule

En 1949, Pierre Lépine et Tage Strunge proposent de faire entrer l'ensemble des organismes sur une échelle de taille logarithmique, et non l'échelle arithmétique qui donne aux virus une place infime à côté de celle occupée par les êtres les plus

---

[4] Ch. de Duve, *Poussière de vie* (Coll.*Le temps des Sciences*, Fayard, 1995) Chap. 7 : *Gènes en gestation*, p. 139.

[5] Cet article dans *The Rationalist Annual*, le seul que John Burdon Sanderson Haldane, spécialisé en génétique humaine, ait publié sur l'origine de la vie, eut un effet retentissant.

élevés en organisation[6]. Dans cette échelle logarithmique, les virus occupent une place infiniment plus grande et remplissent le large intervalle qui s'étend entre la molécule et la bactérie. A l'extrémité supérieure de leur graphique, les auteurs placent les *Rickettsiae* en face de la bactérie *Hemophilus influenzae*, ce qui les embarrasse, car ils les considèrent comme des virus. Mais, précisément, les données actuelles sur ces organismes en font des bactéries.

On a pas mal de raisons de penser que la genèse des virus pourrait être cellulaire, sur la base notamment de ce que l'on découvre en matière de lysogénie défective. Des séquences apparentées à des segments du prophage lambda, par exemple, sont détectées dans le chromosome bactérien, mais leur nature virale ne peut se manifester faute des fonctions d'excision et de maturation en particules. A partir de souches lysogènes normales, des souches lysogènes défectives ont été isolées ; leurs prophages ont subi des délétions. La présence de ces prophages défectifs est mise en évidence par recombinaison génétique avec des phages infectants génétiquement marqués[7]. Ceci pourrait expliquer l'émergence de nouveaux virus si la cellule contient des séquences virales non détectables qui peuvent entrer dans la descendance de virus infectants.

L'idée que les virus jouent un rôle dans l'évolution des premières cellules paraît plausible à cause des transformations qu'exercent les virus dans les cellules-hôtes qui survivent à leur action. Dans le cas des bactériophages, la transduction bactérienne, qu'elle soit naturelle ou artificielle, en donne la preuve. Ces données sont bien postérieures à 1950, mais les observations mentionnées plus haut que Gratia a faites dès 1921 sur les actions stimulantes du phage sur les bactéries avaient suggéré à leur auteur la possibilité d'analogies entre viroses et cancer.

---

[6] P. Lepine et T. Strunge, *Ann. Inst. Pasteur* (1949) **76**, 322.
[7] voir réf. 23 dans chapitre VII.

Où la question des protéines aux propriétés autocatalytiques revient à la surface !

Lors des premiers pas de la biologie moléculaire, la tentation d'attribuer aux protéines un rôle génétique est venue à plusieurs reprises. J'ai commenté dans le chapitre VIII les thèses de Stanley et de Northrop à propos du virus de la mosaïque du tabac. En ce qui concerne les phages, il faut se rappeler que le groupe de Liège, avec Jeener en 1945, n'avait pas réussi à observer une action inhibitrice des nucléases sur l'activité des phages parce que, comme on l'a vu plus tard, leur acide nucléique est protégé des nucléases par la capside.

En 1952, Luria devait présenter un rapport à Oxford ; il y avait noté que seules des protéines sont décelées en premier lieu pendant les premières phases de la reproduction virale et concluait à la nature protéique du matériel génétique chez le phage. C'était pourtant après qu'Avery eût montré le rôle de l'ADN dans la transformation du pneumocoque. Il faut bien se dire qu'à cette époque, on imaginait encore mal que l'ADN, dont la structure est uniforme et ne comprend que quatre radicaux chimiques, puisse être responsable de la reproduction de caractères tellement diversifiés. Le rapport de Luria n'a pas été présenté à ce Congrès, son auteur ayant été empêché d'y participer, et c'est l'expérience de Hershey et Chase qui a été communiquée *in extremis*.

Des progrès substantiels sont encore à attendre de la biologie moléculaire et de la biologie cellulaire pour obtenir la clé de la vie quand on pense au mystérieux pouvoir des prions. Ceux-ci étaient, jusqu'il y a peu, pratiquement ignorés depuis leur signalement à la fin des années soixante : dans *Encyclopedia Britannica Micropedia* paru en 1980, le mot prions désigne les "whalebirds", oiseaux marins des régions froides ! Maintenant, ils défraient la chronique à cause de leurs effets sur la santé et de la difficulté de les identifier et d'enrayer leur propagation. Cette fois, à l'inverse des viroïdes, un agent infectieux de type lent (longue période d'incubation) s'avère dépourvu d'acide nucléique. Dès

969, Latarjet étudie l'agent de la "tremblante" du mouton *scrapie)* à l'aide de sa méthode radiobiologique ; il ne parvient pas à observer la même inactivation que celle qu'il obtient avec tous les virus qu'il examine et le spectre d'action obtenu est davantage conforme au spectre d'absorption des protéines. Dans une note dans *Nature*, où il est le premier auteur, il en déduit l'hypothèse originale qu'une continuité génétique peut être assurée dans certains systèmes, non plus par un acide nucléique, mais éventuellement par des protéines.

Les analyses ultérieures d'agents différents, mais qui sont comparables à l'agent de la scrapie, par exemple celui de l'encéphalopathie spongiforme bovine qui cause la maladie de la vache folle, auraient donné raison à Latarjet, puisque les auteurs n'ont pas encore été en mesure d'y déceler la moindre trace d'acide nucléique. C'était sans compter qu'en fait l'activité du prion n'est pas d'ordre génétique comme celle des virus. Et ceci me paraît assez important pour y consacrer un début d'analyse historique. En effet, cette question remet en cause des idées et des expériences signalées dans les chapitres précédents[8].

Il semble qu'il faille remonter à Twort. Le "Groupe Phage" avait considéré que d'Hérelle était le premier à avoir bien saisi la nature du bactériophage. Pourtant, Twort avait proposé deux hypothèses intéressantes pour expliquer le phénomène observé. Comme, précisément, l'une d'elles paraît cadrer plus ou moins avec le sujet dont il est question maintenant, je rappelle brièvement ce qui est indiqué dans le chapitre IV :

a) l'agent de la transformation vitreuse pourrait être une enzyme secrétée par la bactérie qui conduit à sa destruction et à la production d'une plus grande quantité d'enzyme ;

b) l'agent pourrait être un virus qui se développe au dépens des bactéries qu'il infecte et les détruit.

C'est la deuxième hypothèse qui a prévalu pour le phage. Mais Bordet a opté pour la première hypothèse qu'il a formulée d'une façon un peu différente sous l'étiquette "autolyse transmissible".

---

[8] R. Latarjet, B. Muel, D. A. Haig, M. C. Clarke et T. Alper, *Nature* (1970) **227**, 1341 ; R. Latarjet, Inactivation of the agents of Scrapie, Creutzfeldt-Jakob and Kuru by radiations, *in* : S. Prusiner, ed., *Slow Transmissible Diseases in the Nervous System* (Academic Press, New York, 1979) **2**, 387.

Elle s'est avérée ne pas s'appliquer au phage (dont Bordet a d'ailleurs nié la nature virale) mais peut-être, d'une certaine manière, aux prions : *Supposons que le facteur de variation soit une substance active que le Microbe a élaborée à un moment donné sous l'action d'une cause extérieure temporaire. Le Microbe, où la variation due à la substance en question s'est opérée pour la première fois, transmettra à ses descendants l'aptitude à produire cette même substance... Si la substance est diffusible dans le milieu de culture, la variation pourra être non seulement héréditaire mais aussi contagieuse : le simple contact du liquide de culture où le Microbe modifié a vécu suffira à imprimer cette modification à des Microbes normaux de même espèce, qui, à leur tour, la lègueront à leur postérité, laquelle elle-même pourra la transmettre à des Microbes normaux, et ainsi de suite indéfiniment*[9]. De son côté, Stanley émet l'hypothèse que le virus de la mosaïque du tabac est une protéine formée par les cellules végétales infectées, à partir d'un précurseur par un processus d'autocatalyse. Il voit une relation entre le virus et son précurseur et la compare à celle de la trypsine par rapport au trypsinogène.

En 1937, Gratia et Fredericq font une expérience cruciale qui va établir de façon simple et définitive la différence fondamentale entre un virus et un processus d'autocatalyse ou tout autre processus comparable dû à une protéine. Elle mérite d'être mise en exergue. On y décèle l'influence de P. Levene et J. Northrop du Rockefeller. Les auteurs de cette expérience disposent d'une série de tubes contenant du plasma humain ; ils déclenchent la coagulation dans le premier tube avec du *fibrin-ferment* humain (cf. glossaire). Le liquide recueilli par défibrination du caillot de ce tube est ensuite capable de provoquer la coagulation du plasma dans le tube suivant, et ainsi de suite indéfiniment. Les auteurs répètent alors l'expérience, cette fois en utilisant du plasma stable de poule au lieu de plasma humain. A ce moment, il n'y a plus reformation du fibrin-ferment humain initial, mais bien formation en série de fibrin-ferment *de poule*. Au contraire, font-il remarquer, lorsqu'on introduit un certain bactériophage ou

---

[9] J. Bordet et M. Ciuca, *C. R. Soc. Biol.* (1920) **83,** p. 1294

un virus, comme celui de la mosaïque du tabac, chez un hôte sensible, c'est ce même phage ou virus qui est reproduit en série avec toutes ses caractéristiques propres, notamment son caractère antigénique spécifique. L'hôte aux dépens duquel le virus est régénéré ne lui imprime aucune marque de sa propre individualité[10].

Pour ce qui est des prions, qui commencent à être compris, le lecteur peut se référer à des articles sur les prions de levure. Pour leurs auteurs, en accord avec Prusiner, le prion est une protéine, le produit d'un gène présent notamment chez l'homme, qui existe sous deux états isomériques chimiquement indistinguables mais de conformation différente : une forme anormale, infectieuse et une forme non infectieuse. L'infection est établie quand les molécules de la protéine anormale interagissent avec la protéine normale et la convertissent en protéine anormale et ainsi de suite par un phénomène de transfert de changement de conformation[11].

Des questions se posent alors. Ainsi, quelle est la fréquence des protéines qui, dans le monde vivant, peuvent acquérir le phénotype prion ? Les facteurs en cause représentent-ils les premiers exemples d'un mécanisme unique responsable d'un changement transmissible dans le phénotype sans changement du génotype ? Il semble que le problème devienne très aigu.

Origine de la cellule eucaryote et de ses organites

La genèse de la formation des cellules eucaryotes à partir des Protocellules et l'évolution de celles-ci à partir des Procaryotes selon le schéma habituel de l'évolution semblent se concevoir du moins théoriquement sur la base de faits précis présentés dans beaucoup de traités intéressants. Une hypothèse assez séduisante est celle formulée par Wolfram Zillig selon laquelle il y aurait eu fusion cellulaire entre des *Archaea* et des Eubactéries, qui

[10] A. Gratia et P. Fredericq, *C. R. Soc. Biol.* (1937) **126,** 906.

[11] S. B. Prusiner, *Ann. Rev. Microbiol.* (1994) **48,** 655 ; M. F. Tuite et S. L. Lindquist, *Trends Genet.* (1996) **12**, 467 ; K. L. Brown *et al.*, *Nature* (1999) **5**, 1308 ; L. Li et S. L. Linquist, *Science* (2000) **287,** 261 ; B. Caughey, *Nature Medicine* (2000) **6**, 751.

diffèrent entre eux d'après l'analyse des séquences d'ARN ribosomial, pour former les Protocellules. Ensuite, celles-ci auraient été colonisées par des bactéries endosymbiotiques[12].

L'idée d'endosymbiose[13] dans la genèse des cellules eucaryotes remonte à P. Portier qui écrit en 1918 : *Chaque cellule vivante renferme dans son protoplasme des formations que les histologistes désignent sous le nom de mitochondries. Ces organites ne seraient pour moi autre chose que des bactéries symbiontiques, ce que je nomme des "symbiotes"...* (in L. Margulis[14]). Le chondriome a fait l'objet des études de chercheurs français, mais aussi du Liégeois Jules Duesberg, un des premiers auteurs à avoir tenté son isolement par centrifugation, et de Guiseppe Levi qui, ayant perdu son poste dans l'Italie fasciste, séjourna à Liège de 1938 à 1941. Les arguments en faveur d'une parenté entre mitochondries et bactéries s'accumulent, dont la découverte d'un ADN mitochondrial circulaire et la sensibilité des mitochondries à un agent antibactérien, le chloramphénicol. La découverte de l'ADN mitochondrial est officiellement attribuée à M.M.K. et H. Nass en 1963, sur la base d'examens de cellules au microscope électronique. En fait, leur étude vient après des expériences très révélatrices de Maurice Chèvremont et de ses collaborateurs à l'Université de Liège. En 1959, les auteurs liégeois traitent des fibroblastes de poussin en culture *in vitro* avec une désoxyribonucléase (DNase) acide préparée dans le laboratoire de chimie-physique par Eugène Fredericq (le frère de Pierre) et A. Oth, spécialistes de l'ADN. Chèvremont observe de l'ADN dans les mitochondries des cellules traitées examinées au microscope photonique après réaction de Feulgen. Un examen autoradiographique révèle même une synthèse d'ADN se traduisant par une augmentation du taux d'incorporation de thymidine tritiée dans ces organites. Mais les auteurs américains,

---

[12] C. R. Woese, *Microbiol. Rev.* (1987) **51**, 221 ; W. Zillig *et al., in* : J. Tran Thanh Van *et al.*, ed., *Frontiers of Life* (Frontières, Gif s/ Yvette, 1992) p. 181; P. Forterre *et al., BioSystems* (1993) **28,** 15.

[13] L. Margulis, *Origin of Eukaryotic cells* (Yale Univ. Press, New Haven, 1970) ; B. K. Tye, *Proc. Natl. Acad. Sci. USA* (2000) **97,** 2399.

[14] L. Margulis, *Symbiosis in Cell Evolution* (W. H. Freeman et Cy, New York, 1981) p. 177.

ne réussissant pas à reproduire cette observation, la considèrent un peu facilement comme le résultat d'une contamination par de l'ADN nucléaire incomplètement digéré. Chèvremont a vérifié que c'est bien la DNase acide préparée à Liège qui permet cette observation à la différence d'autres DNases qui, probablement, détruisent les deux types d'ADN[15].

L'ADN de la mitochondrie diffère de l'ADN nucléaire par sa séquence de nucléotides et sa structure circulaire comme celles des Procaryotes. En 1959, Chèvremont ne pouvait pas encore savoir que les deux ADN sont fondamentalement différents. C'est bien après qu'on a révélé que l'ADN mitochondrial ne s'hybride nullement avec l'ADN du noyau de la même cellule alors que les ADN mitochondriaux d'organismes distincts s'hybrident entre eux jusqu'à un certain degré (c'est le degré d'hybridation de ces ADNs qui permet d'établir la parenté évolutive des espèces comparées).

Encore dans les années vingt, Constantin Mereschowsky avait suggéré que les chloroplastes des plantes actuelles seraient dérivés de Cyanophycées, bactéries autotrophes et productrices d'oxygène. En accord avec cela, plusieurs laboratoires utilisant des méthodes différentes ont mis en évidence de l'ADN non nucléaire dans les chloroplastes dès 1962. La parenté de ces organites avec les Cyanophycées est apparue plus récemment dans les homologies séquentielles[16]. Parmi les organites constitués de vésicules contenant des enzymes et qui ont été découverts et étudiés dans le cytoplasme des cellules eucaryotes par Christian de Duve dès 1949, il faut mentionner les peroxysomes qui détoxifient l'oxygène. A l'inverse des mitochondries, ils remplissent cette fonction sans récupération d'énergie associée, ressemblant à cet égard à certaines bactéries aérobies primitives. Cependant, il n'y a aucune trace d'ADN en eux et, jusqu'à

---

[15] M. Chevremont, S. Chevremont-Comhaire et E. Baeckeland, *Arch. Biol.* (1959) **70,** 833 ; E. Fredericq et A. Oth, *Biochem. J.* (1957) **66,** 33 ; M. K. K. Nass et S. Nass, *J. Cell Biol.* (1963) **19,** 593.

[16] H. Ris et W. Plaut, *J. Cell Biol.* (1962) **60,** 702 ; L. Sagan *et al., Plant Phys.* (1965) **40,** 1257 ; J. A. Schiff et H. Lyman, *On the Origins of Chloroplasts* (Elsevier, New York, 1982).

présent, les résultats de séquençage n'ont pas apporté d'indices d'une parenté quelconque avec les bactéries[17].

L'hérédité cytoplasmique concerne également les micro-organismes eucaryotes, par exemple la levure ou des Protozoaires. Dès 1949, le russe Boris Ephrussi découvre avec ses collègues de Gif-sur-Yvette, Henriette Hottinguer, Anne-Marie Chimènes, Jean Tavlitzki et Piotr Slonimski, le phénomène des mutations respiratoires survenant au niveau cytoplasmique. Slonimski, entre autres, a pu montrer ensuite que ces mutations ont lieu au niveau de gènes mitochondriaux gouvernant la respiration de la levure. Ephrussi et son groupe observent la transformation de la forme normale à grandes colonies vers la forme "petite" (à petites colonies) sous l'action de l'acriflavine sur des levures et montrent qu'il s'agit de l'induction de mutants respiratoires et non de la sélection de "petites". Or, on a vu plus haut que, par traitement de bactéries avec de l'acriflavine, on peut éliminer le plasmide F qui confère le caractère de fertilité en conjugaison. On peut donc faire le rapprochement entre plasmides et mitochondries. En fait, les dérivés d'acridine exercent une action sur l'ADN et sa réplication. La levure peut donc perdre ses mitochondries, sans que sa survie soit compromise, du moins dans certaines conditions de culture[18].

L'ADN mitochondrial et les ATPases des levures ont fait depuis l'objet des recherches d'André Goffeau à l'Université de Louvain. Les travaux de Jean-Marie Wiame à l'Université de Bruxelles, également sur la levure, concernent plutôt la régulation comme il a été indiqué dans le chapitre VII. Le premier en Belgique, Wiame avait commencé ses travaux de génétique biochimique sur la levure vers 1950 après avoir tenté d'étudier la régulation chez *Neurospora* aux USA, mais sans succès. Plus tard, en effet, les mécanismes de régulation chez *Neurospora* se sont avérés faibles.

---

[17] Ch. de Duve, *Vital Dust. Life as a Cosmic Imperative* (Basic Books, Haroer Collins Publ. Inc, 1995).

[18] B. Ephrussi, H. Hottinguer et A. M. Chimènes, *Ann. Inst. Pasteur* (1949) **76**, 351 ; B. Ephrussi, Ph. L'Héritier et H. Hottinguer, *ibid.*, **77**, 64.

Virus et reticulum endoplasmique

En étudiant le sarcome de Rous, Albert Claude voit des nucléoprotéines au niveau du réticulum endoplasmique, pas seulement dans les cellules infectées, mais également dans les cellules saines. C'est l'occasion de rappeler les travaux de Gratia et Paillot décrits plus haut, qui avaient déjà montré, en 1938, que les culots de tissus sains du ver à soie broyés et ultracentrifugés contiennent aussi des granules comparables à ceux des cellules infectées par le virus de la polyhédrose. Mais ceux-ci sont distincts des granules de tissus sains par leurs propriétés antigéniques. La teneur en ARN augmente dans les tissus infectés comme dans le cas du sarcome de Rous mais, à la différence de ce dernier, les granules des tissus gras se distinguent des granules des tissus sains par leur contenu en ADN, celui du virus. Ces faits, confirmés par Hydén entre autres, venaient également conforter l'orientation des travaux de Brachet, de Jeener et de Chantrenne.

L'historien des sciences H. J. Rheinberger écrit un article commentant la découverte des particules cytoplasmiques à Bruxelles et au Rockefeller, où il précise et confirme ce qui est décrit dans le chapitre VIII sur l'histoire du virus de la grasserie à soie à Liège. Il note : *One of Brachet's Belgian colleagues at the Bacteriological Institute of the University of Liège, André Gratia, together with André Paillot essentially had made the same fortuitous observation that had put Claude in the very same year on the track of particle research although his European colleagues were working on a completely different system*[19].

Provirus défectifs ou silencieux

La question de l'intégration des virus dans les cellules intrigue surtout quand leur présence est insidieuse et non directement détectable. Rappelons que Bordet et Ciuca observent qu'après

[19] H. J. Rheinberger, *Hist. Phil. Life Sci.* (1997) **19**, 47.

injection de bactéries non lysogènes dans un cobaye, il se forme du phage décelable par la formation de plages sur un indicateur sensible mis en contact avec les exsudats leucocytaires de l'animal infecté. Pour expliquer leurs résultats, ces auteurs suggèrent que la bactérie oppose une résistance aux mécanismes de défense de l'animal injecté et, ce, par un changement de propriétés, dont l'acquisition de la capacité de produire du phage. Autrement dit, cette propriété serait inscrite dans la trame de la bactérie mais la production de phage dépend des conditions physiologiques. Comme je l'ai mentionné plus haut, cette interprétation n'a pas été acceptée à l'époque par la communauté scientifique qui considérait que les risques de contamination par du phage n'étaient pas écartés. Pourtant, le fait qu'une bactérie peut perdre la propriété lysogène et cependant redevenir capable de reproduire du phage peut être considéré avec sérieux. Les observations de Gratia mentionnées plus haut (cf. chap. V) concernent deux souches qui peuvent perdre, l'une, *E. coli* V, le caractère colicinogène, l'autre, la souche "Lisbonne", le caractère lysogène, puis ré-acquérir ces propriétés. Ce phénomène trouve sa réponse dans l'existence de mécanismes d'inactivation (blocage de la transcription,) et de réactivation de l'ADN, ce qui suppose l'intervention de facteurs endogène et/ou exogènes[20].

Procaryote, Eucaryote : quelle différence ?

L'analyse des Procaryotes bénéficie du fait qu'elle ne demande que des moyens relativement peu importants et que les résultats peuvent être obtenus endéans des temps relativement courts et dans des conditions expérimentales des plus favorables à la recherche. *Ce qui est valable pour la bactérie est valable pour l'éléphant*, disait Monod, ce qui justifie que les biologistes moléculaires utilisent les bactéries, principalement *E. coli* K12 dont la génétique est bien développée, comme modèles pour

---

[20] cf. Chap. VII, réf. 22 ; D. S. Thaler *et al.*, *in : The Bacterial Chromosome* (*loc.cit.*) ; N. Guillén *et al.*, *J. gen. Microbiol.* (1986) **132**, 1703 ; P. L. Foster, *Annu. Rev. Microbiol.* (1993) **47,** 467 ; E. F. Boyd *et al.*, *Genetics* (1996) **143,** 1091.

l'étude de beaucoup de fonctions cellulaires. A cette vision des choses, on oppose l'idée que la biologie de la cellule eucaryote diffère de celle des Procaryotes. En fait, d'aucuns considèrent que cette différence est moindre que généralement considérée. Par exemple, Alain Cozzone de Lyon montre que les systèmes de phosphorylation ont en commun plusieurs similitudes structurales et fonctionnelles dans les deux types cellulaires[21].

Quelques analogies sont même possibles au niveau de la différenciation morphogénétique voire au niveau du comportement. On sait que les stades morphologiques d'un embryon sont programmés mais que l'activité génique peut être influencée par un environnement chimique modifié au cours du développement. La question apparaît déjà bien au niveau des bactéries quand on constate l'hétérogénéité des populations. La notion de variation et hétérogénéité des populations souvent dépendantes des conditions du milieu a été émise depuis longtemps, notamment, par Gustave Gratia pour *Mycobacterium tuberculosis* ainsi qu'on l'a vu dans le premier chapitre. Parmi d'autres, comme les Wollman ou comme Bordet, André Gratia a attiré l'attention de ses contemporains à propos des variations, mais *vox clamans in deserto*. Et il est frappant de constater combien cette notion est peu présente encore actuellement chez les microbiologistes moléculaires. Dans des ouvrages des années quatre-vingt, on peut lire que le monde extérieur des bactéries se réduit a quelques substances dissoutes dans l'eau. Que fait-on de la température, du pH, de l'environnement gazeux, des radiations, de la viscosité du milieu, des surfaces et interfaces, sans compter les molécules organiques dérivant du métabolisme ?

Dans une culture, les réponses physiologiques des germes à leur environnement pourraient bien être différentes selon leur position éloignée ou proche de l'interface entre le bouillon et l'air. Il apparaît que les gènes ne fonctionnent pas tous pendant la phase exponentielle ; pendant la phase stationnaire, il y a formation de nouvelles protéines et des variations quantitatives selon le temps dans la composition chimique des produits du métabolisme. Pendant la formation d'une colonie, les cellules

[21] A. Cozzone, *Folia Microbiol.* (1997) **42**, 165.

bactériennes en voie de croissance sur une surface répondent à des signaux pour se disposer l'une par rapport à l'autre et former une colonie Smooth, Rough ou bien bordées de voiles ou digitations (*swarms*). James Shapiro, notamment, s'est beaucoup investi dans une telle recherche quand il s'est mis à suivre par microcinématographie les mouvements cellulaires au cours de la croissance d'une colonie bactérienne, surtout lorsqu'elle forme des vagues à la surface d'un milieu gélosé, comme c'est le cas du *Proteus*. Remarquable est l'induction de la formation de flagelles latéraux responsables de la mobilité sur une surface quand on modifie les propriétés de cette surface, par exemple en réduisant la concentration d'agar dans la gélose ensemencée avec *Serratia marcescens* entre autres[22].

---

[22] J. A. Shapiro, *ASM News* (1991) **57**, 247 ; R. Belas *et al.*, *ASM News* (1992) **58,** 15 ; L. Alberty et R. M. Harshey, *J. Bacteriol.* (1990) **172**, 4322 ; J. P. Gratia, *Colloids and Surfaces. Biointerfaces* (1994) **2,** 567.

EPILOGUE

Dans ce livre, j'ai voulu rendre hommage aux savants qui ont participé à l'avancement des sciences actuelles. Par les résultats de leurs expériences, épaulées par de nouvelles techniques, par leurs observations, interprétations ou concepts et par l'isolement de souches de bactéries et de virus, ils ont apporté un véritable "trésor de guerre", sans lequel aucun progrès n'est possible. L'autre objectif a été d'analyser l'évolution culturelle globale, les courants de la pensée scientifique qui sont, avec l'apport de techniques de pointe, responsables des directions de la recherche. La Science aurait peut-être influencé la société de demain d'une autre manière si la Microbiologie avait pris une autre direction avant 1950.

Analyse d'un bilan

Au risque de faire apparaître une vision tronquée des choses, ce qui est déjà développé en détail dans les ouvrages anglo-saxons est moins représenté ici. Et, malgré un souci constant d'objectivité et le recours aux publications originales des auteurs du siècle écoulé, ce présent ouvrage n'est pas exhaustif. Le lecteur doit être conscient qu'un travail complet à base bibliographique est une entreprise considérable si l'on veut analyser la production scientifique dans un champ d'investigation aussi étendu que celui envisagé ici. Pour cette raison, j'ai surtout porté mon attention sur la contribution belge francophone. Là encore, j'ai bien du me restreindre à certains aspects liés à l'évolution de la biologie fondamentale des micro-organismes et des virus. J'ai à peine fait allusion à la microbiologie médicale autour de 1900. Pour ce qui concerne les savants flamands, je n'ai cité que deux auteurs, qui n'ont pas publié en français et qui marquent deux époques éloignées : Van Ermengen, qui avait isolé l'agent du botulisme en 1897 à l'Université de Gand et qui avait publié son travail en allemand (récemment réédité en anglais dans une collection d'articles classiques sur les maladies infectieuses), et Walter Fiers, l'initiateur des recherches en biologie moléculaire en 1962 dans la même Université.

On pourrait reprocher à ce livre de traiter préférentiellement d'un nombre relativement restreint de questions, considérées peut-être un peu hâtivement comme les plus dignes d'intérêt. En fait, mon but a été essentiellement d'amorcer un processus de recherche historique sur les lignes de force qui guident la science.

Certains auteurs sont réticents à l'idée que l'histoire des sciences a une quelconque utilité pour la suite. Elle a pourtant l'avantage d'inviter le lecteur à se diriger vers les bibliothèques qui renferment des trésors inexploités. La lettre de John Fulton adressée à Gratia en 1946 (page X) reflète, bien sûr, le souci (réel ou apparent) d'auteurs américains de rendre justice à la contribution belge. Mais, parmi d'autres, cette lettre exprime également le souhait de pallier un manque d'information en ce qui concerne les publications dans des revues absentes de beaucoup de bibliothèques américaines. Il ne semble pas que les Mozart aient connu les oeuvres du grand Vivaldi qui tomba dans un oubli total après sa mort[1]. On peut se demander ce qu'aurait été la musique de Wolfgang Amadeus, déjà si belle, dans le cas contraire ! L'histoire des sciences est comme le scintillement d'une moisson d'étoiles. Celles que l'on voit sont peut-être éteintes aujourd'hui comme nos savants d'antan. Elles nous éclairaient du point de l'espace que les forces cosmiques leur imposaient, sans qu'elles eussent la garantie que leur brillance nous atteindrait...

---

[1] J. et B. Massin, *W. A. Mozart* (Fayard, Paris, 1970) p.108.

La connaissance scientifique est le fruit d'une coopération internationale. On souhaiterait qu'elle soit mieux exploitée, mieux coordonnée, mais les résultats de la recherche sont et resteront toujours imprévisibles et les problèmes qu'ils font surgir le sont tout autant. Indépendamment de ce que peut apporter la biologie moléculaire à l'heure actuelle en matière de recherche et d'applications, on peut constater l'émergence de nouveaux problèmes à résoudre. Le résultat de cette situation est finalement heureux, car cela ouvre encore beaucoup d'avenir à la recherche fondamentale et, par voie de conséquence, à ses applications.

La leçon que l'on peut aussi tirer de cette analyse est une conviction renforcée qu'à côté de la recherche organisée indispensable, une place importante doit être réservée à la recherche libre. Elle prospecte là où l'imagination et la curiosité du chercheur le guident. Que la recherche non organisée et menée tous azimuts soit ou non plus coûteuse n'est pas le vrai problème. En effet, plus la recherche fondamentale est libre et diversifiée, plus les chances de découvertes et d'innovation technologique sont grandes, ce qui à long terme est un facteur important de progrès économique. Il suffit de penser à l'apport des travaux effectués par une poignée de chercheurs sur le phage lambda et le plasmide ColE1 et au développement de la biotechnologie qui en a résulté. Découvert par Pierre Fredericq dans un colibacille d'une selle de patient, ColE1 est, en effet, à la base du vecteur génétique universel pBR322. Les plasmides Col n'auraient jamais vu le jour sans que la propriété de produire des colicines n'eût été révélée. Il faut remonter à 1925 quand André Gratia découvre la colicine V, le premier exemple de ce type particulier d'antibiotiques. Or, depuis longtemps, le marché des antibiotiques est florissant.

Fait qui pouvait paraître paradoxal au début, Gratia puis ses continuateurs ont établi des rapports entre colicines et bactériophages tout en reconnaissant, chez les unes, la nature de substances antibiotiques inertes, et, chez les autres, celle de virus partiellement doués de propriétés biologiques dont la continuité génétique. Beaucoup d'autres choses gravitent autour de paradoxes comparables à celui des colicines. On retrouve, parmi les idées concernant le bactériophage, que certains comme Bordet considéraient comme des protéines à activité autocatalytique, des idées prémonitoires dans le domaine bien actuel des prions.

Maintenant, bien sûr, tout est mené différemment et de façon plus systématique, plus informatisée, mais aussi plus sélective et donc un peu restrictive, avec des équipes organisées, des échanges, mais aussi des lacunes dans l'information tant les publications sont nombreuses. Peut-être par crainte d'un excès de spéculation, les idées n'ont plus le même attrait, la même propension à l'originalité comme à la polémique que celles qu'on a connues entre les années vingt et septante. Par surcroît, la lecture des textes de l'époque révèle l'étendue de la culture scientifique et la largeur des champs d'investigation d'alors. Les erreurs, les imperfections et imprécisions dans le travail sont aujourd'hui bannies, effacées, alors qu'auparavant, elles étaient davantage considérées avec profit et pouvaient engendrer des découvertes.

Y-a-t-il eu une ligne continue entre la science d'hier et celle d'aujourd'hui ? Ou bien, au contraire, est-on parti sur certaines pistes en négligeant les autres ? A-t-on toujours fait de bons choix dans les domaines explorés ? A-t-on vraiment épuisé toutes les ressources des acquis d'hier pour orienter la recherche et investir dans de nouveaux programmes ?

Il est clair que, dans la biologie moléculaire moderne, les pays anglo-saxons ont joué un rôle important (on pense à Avery, Delbrück, Luria, Sinsheimer, Meselson, Watson, Crick, etc.). Mais, d'après ce que l'on sait des microbiologistes européens, parmi lesquels les microbiologistes belges entre 1920 et 1950, il serait étonnant que l'on soit arrivé au stade actuel de nos connaissances sans leur contribution.

L'attitude réductionniste de l'école de Delbrück a été payante, mais pas au point de faire table rase de ce qui a précédé, ni de freiner certains secteurs qui se sont avérés féconds. Stent regrettait qu'avec l'avènement de l'école de Delbrück, les Etats-Unis se soient considérés comme le "Holy Land of Bacteriophage" et que la lysogénie, discréditée, n'ait pas attiré l'attention des Américains d'avant-garde[2]. Le travail d'André Gratia publié en 1936 dans des notes à la *Société Belge de Biologie* relève déjà de la génétique de phage[3]. Il aurait pu être un facteur de progrès si ces notes avaient été prises en compte à l'époque. Dans son autobiographie, François Jacob fait part de l'incrédulité de la part de membres du "Groupe phage" à Royaumont en 1952, qui, faute de comprendre le mécanisme impliqué dans ses travaux avec Elie L. Wollman sur la localisation des prophages, basés sur des expériences de conjugaison bactérienne, en venaient à mettre en doute jusqu'à l'existence de celle-ci[4].

Unité dans la diversité

Les réflexions qui précèdent conduisent tout naturellement à la notion d'unité dans la diversité. Un exemple nous est donné par une tranche de l'histoire du phage. Longtemps, d'Hérelle n'a pas admis que le phage et ses caractéristiques relevassent du même agent que celui qui avait donné lieu aux observations de Twort. La polémique autour de cette question fut incontestablement un ferment de recherche. On y retrouve le même problème que celui rencontré avec le BK et développé dans le chapitre I. Il y a d'autres exemples, ailleurs qu'en biologie, où différents phénomènes peuvent être des manifestations d'un même facteur. Ainsi, en physique : l'électricité statique, qui attire le duvet sur l'ambre, et le magnétisme ont longtemps été considérés comme des forces distinctes jusqu'au jour où l'on a démontré qu'il s'agissait d'une seule et même force, la force électromagnétique, qui se manifeste de façon différente selon le contexte.

L'évolution animale révèle une unité de plan d'organisation au niveau moléculaire[5] : un *canevas unique sur lequel sont brodées*

---

[2] G. Stent, *Molecular Biology of Bacterial Viruses* (*loc. cit.*) p. 308.

[3] J. P. Gratia, André Gratia, a forerunner in microbial and viral genetics, *in* : "Perspectives", *Genetics* (2000) **156**, 471.

[4] F. Jacob, *La Statue intérieure* (O. Jacob, Paris, 1987) p. 296

[5] M. Florkin, *Aspects biochimiques communs aux êtres vivants* (Masson et Cie, Paris, 1956), Introduction, p. x.

les variations nombreuses de la différenciation cellulaire et de l'évolution biochimique.

Il est intéressant de comprendre les mécanismes qui orientent le choix que fait, dans ses manifestations, l'agent d'un processus biologique. Cette question se pose notamment pour les souches bactériennes variant d'une forme à l'autre. L'inverse existe aussi. Un même phénomène ou une forme semblable peut être attribuée à deux organismes bien distincts. C'est ce qu'on appelle la *convergence biologique*. Certaines mouches ressemblent à des guêpes, les mammifères cétacés sont parfois confondus avec les poissons. Ceux-ci appartiennent eux-mêmes à des phylums bien séparés, mais ont en commun d'être confinés et adaptés au milieu aquatique. Les Actinomycètes étaient considérés par les biologistes de l'époque de Lieske ou de Gratia comme des champignons alors qu'ils en diffèrent par des caractères plus importants que leur aspect filamenteux.

C'est alors qu'apparaissent, sans qu'elles doivent nécessairement s'affronter, les deux stratégies de l'analyse biologique. Il y a, d'une part, la conception de l'unité du plan d'organisation qui pousse le biologiste à analyser en profondeur *Escherichia coli* souche K12, où la diversité se manifeste au niveau des mutations et autres mouvements génétiques comme la lysogénisation, la transduction ou la transposition, puis à étendre ses conclusions aux bactéries en général et même à la cellule eucaryote. D'autre part, la biologie comparée fournit au chercheur l'information qui lui permet de choisir l'organisme idéal pour l'étude de telle ou telle question. La nature comprend en effet de nombreux territoires à différents niveaux. Chaque territoire exploité nous livre des secrets qui lui sont propres. Dans ses recherches en immunologie, Bordet utilise des globules rouges, tantôt de mouton, tantôt de chèvre, des sérums de cobaye, etc. Une fois, c'est avec *E. coli* que Gratia étudie les phages d'abord et découvre les colicines ensuite ; une autre fois, c'est avec la souche qu'il appelle *Escherichia imperfectum* qu'il isole des phages "lysinogènes" ; les *Streptomyces* lui ont permis de découvrir la production d'antibiotiques et d'enzymes bactériolytiques ; il étudie le staphylocoque qui produit des coagulases et des autolysines ; avec lui, mais aussi avant et après lui, le *Bacillus megatherium* a une longue histoire dans l'étude de la lysogénie. Quelle intuition a-t-il fallu à Gratia pour passer des virus végétaux, où lui et ses collaborateurs, parmi d'autres, révèlent la présence d'ARN, au virus de la grasserie du ver à soie où, avec Brachet et Jeener, il est capable de distinguer, à côté des structures cytoplasmiques normales à ARN devenues des granules après centrifugation, les particules internes du virus infectant contenant de l'ADN ?

Goût pour l'aventure scientifique

Il n'est pas difficile d'imaginer ce qui se serait produit en génétique et en biologie moléculaire si des révolutionnaires éclairés avaient été contraints de faire une science valable mais linéaire. *Si, à l'âge de la pierre, on avait voulu développer les engins à couper et trancher, on aurait produit des haches de toutes formes et à tous les prix, mais on n'aurait jamais trouvé le bronze*[6].

En fin de compte, l'avenir de la science et de notre civilisation dépend de la transmission aux générations futures des expériences réalisées en toute liberté par des Copernic, Vésale, Spallanzani, Pasteur, Darwin, Marie et Pierre Curie, Stanley Miller, et par d'autres qui, comme eux, ont osé entreprendre la recherche dans un domaine inexploré malgré les difficultés rencontrées. Encore actuellement, il en est qui nourrissent une passion pour les chemins de traverse, même s'ils s'exposent à la controverse, comme ce fut le cas de Howard Temin et de bien d'autres encore, victimes du terrorisme intellectuel de la part de gens qui, souvent, se trompent.

Il n'y a pas mal d'exemples où les polémiques sont un catalyseur dans un courant fécond de recherches. Nombreux sont aussi les exemples d'erreurs à l'origine de découvertes et de nouvelles techniques s'il y a communication et éveil de l'attention à tous les niveaux. Bordet a fait progresser la virologie par ses

[6] F. Jacob, *La souris, la mouche et l'homme* (Odile Jacob, Paris, 1997) p. 26.

travaux sur la lysogénie même si, paradoxalement, son idée que le phage n'est pas un virus s'est révélée fausse. L'histoire de la "pincée de glucose" est tout un symbole, une image d'une certaine science vivante qu'on accepte moins facilement aujourd'hui, mais qui rappelle une controverse entre Louis Pasteur et Justus von Liebig. Pour ses expériences sur la fermentation alcoolique et sur la vie née de germes (*vs* génération spontanée), Pasteur avait ensemencé une quantité limitée de levure dans un milieu frais. Il put observer que la fermentation s'accompagnait d'une multiplication des cellules de levure. Par contre, Liebig aurait utilisé une plus grande quantité de levures probablement déjà développées, donc en phase stationnaire, et observé une décomposition du ferment. Pour lui, la levure de bière, comme toute matière "albuminoïde" végétale ou animale en putréfaction, transmettrait à d'autres corps sa propre décomposition, ce qui est contraire à la notion de germes. Heureusement, la thèse de Pasteur prévalut[7].

En plus des idées révolutionnaires, des présomptions, des spéculations ou même des erreurs d'interprétation, certaines circonstances peuvent permettre de faire de grands pas en avant. Par exemple, la méconnaissance de la référence exacte d'un certain article paru dans le *Lancet* de 1915 avait permis à Gratia, amené à feuilleter le volume, de trouver le travail de Twort. La fermeture de l'Université de Bruxelles par l'occupant en 1941 est une triste histoire, mais la collaboration ainsi provoquée des chercheurs bruxellois, déjà fort engagés dans la biologie cellulaire et l'embryologie moléculaire, avec la technologie naissante en virologie à Liège fut extrêmement bénéfique ; H. Chantrenne en parle toujours avec beaucoup d'enthousiasme. Fredericq n'aurait pas abandonné ses coagulases si les problèmes techniques inhérents à la guerre ne l'en avaient détourné au profit de l'étude des colicines, ce qui lui a donné l'occasion de découvrir les plasmides, dont ColE1.

---

[7] L. Pasteur, Etudes sur la bière, ses maladies,... avec une théorie nouvelle de la fermentation (Gauthier-Villars, Paris, 1876) ; *Oeuvres de Pasteur*, **5** (Pasteur Vallery Radot, Masson, Paris, 1928) § VI : Réponse aux observations critiques de Liebig, publiées en 1870, pp. 247-260.

C'est en partie grâce à la pénicilline purifiée et utilisée dès le début de la guerre que les Alliés ont gagné la guerre en 1945. Aussi loin qu'on remonte dans le temps, les épidémies pèsent lourdement dans l'issue d'une campagne. En dehors de la thérapeutique, l'analyse de l'action des antibiotiques apporte des données sur la cellule, tant eucaryote que procaryote, et de son fonctionnement. La résistance des microbes aux antibiotiques, qui est due à des facteurs R plasmidiques, est un problème préoccupant, mais, en revanche, offre l'occasion d'étudier et d'utiliser les plasmides.

Il serait intéressant d'analyser les circonstances qui ont permis à la Belgique de développer son ingénierie. Il suffit de penser à l'essor de l'astrophysique qui a fait que la Belgique participe à un programme audacieux en astronautique. Tout comme le Liégeois Zénobe Gramme qui, avec sa dynamo, a apporté la base de l'ingénierie électrique, Etienne Lenoir, natif de la Gaume, a inventé le moteur à explosion qui équipe, depuis un siècle, les voitures automobiles. Pourtant, en 1969, dans un Congrès politique belge, un intervenant prétendait que la recherche appartenait aux Etats-Unis qui, seuls, ont les moyens de la faire et que la Belgique devait se contenter d'établir un fichier apportant une information complète des données scientifiques aux centres de recherches industrielles. Qu'une interface plus efficace entre l'Université et l'industrie ou l'agriculture soit souhaitable n'exclut pas la contribution scientifique d'une région du globe quelle qu'elle soit. Manifestement, le politicien en question avait subi l'influence d'Américains qui considéraient une fois de plus leur contrée comme le "Holy Land of Science". L'histoire de la Belgique montre pourtant bien que, dans le domaine de l'*intelligentsia*, la valeur ne dépend pas du nombre de km^2 ! Nos hommes politiques devraient le savoir.

L'Ecologie, forme d'évolution de la Biologie

Sommes-nous vraiment conscients des bienfaits de la science et de ses applications mais aussi des dangers auxquels nous devons répondre impérativement ? La récente crise des dioxines, loin d'être un problème spécifiquement belge, s'agissant de polluants de la planète entière, est un exemple de cette prise de conscience généralisée qui ne doit pas engendrer la panique mais justifier le développement d'une politique de recherche et de prévention. Il faut que l'homme respecte les lois dictées par les interactions complexes entre lui et son environnement. S'il continue sur la voie tracée au cours du vingtième siècle, en modifiant les équilibres de la nature quels qu'il soient, même pour le bien apparent immédiat de l'individu, il sera à l'origine d'une catastrophe dont il ne pourra jamais se remettre.

Parmi les nombreux objectifs de la Conférence tenue en 1992 à Rio de Janeiro, il y a une convention en faveur du maintien de la diversité biologique. Elle se propose d'assurer non seulement la conservation de la diversité du monde vivant, mais également l'utilisation durable de ses composantes et le partage équitable des avantages découlant de l'exploitation de ses ressources génétiques. A l'issue de la Conférence, des conventions ont été ratifiées notamment par la Belgique. Dans ce mouvement, le microbiologiste est particulièrement interpellé pour fournir toutes les informations requises sur l'isolement et l'exploitation de souches bactériennes dotées d'activités biodégradantes à l'égard des polluants comme les polychlorodiphényles et les dioxines. Il participe, directement ou indirectement, aux manipulations génétiques et à leur contrôle. Mais, quelles sont les garanties de voir se réaliser les conclusions de la conférence de Rio, surtout depuis que les accords de Kyoto concernant les gaz à effet de serre sont rejetés par les USA, apparemment entrés dans la logique d'un futur "Holy Land of Disaster" ?

Au sujet de la question controversée de l'ingénierie génétique et de ses produits comme les plantes transgéniques, il y a plusieurs aspects à considérer. D'abord la question de la sécurité des manipulateurs. Quand les Curie manipulaient la radioactivité sans prendre garde aux dangers qui les ont d'ailleurs condamnés, et aux conséquences sur la santé des habitants des zones contaminées, c'est parce qu'ils étaient peu au fait des effets biologiques des radiations. Maintenant, en manipulation

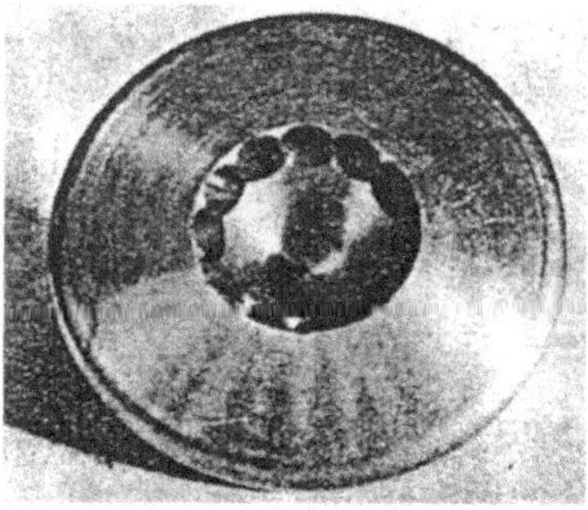

Gratia préparant l'ultracentrifugeuse à air comprimé d'Henriot et Huguenard ; on peut remarquer la dimension particulièrement réduite des rotors, dont un exemple, *à droite*, comprend 12 logettes de 7mm de diamètre et 15mm de profondeur.

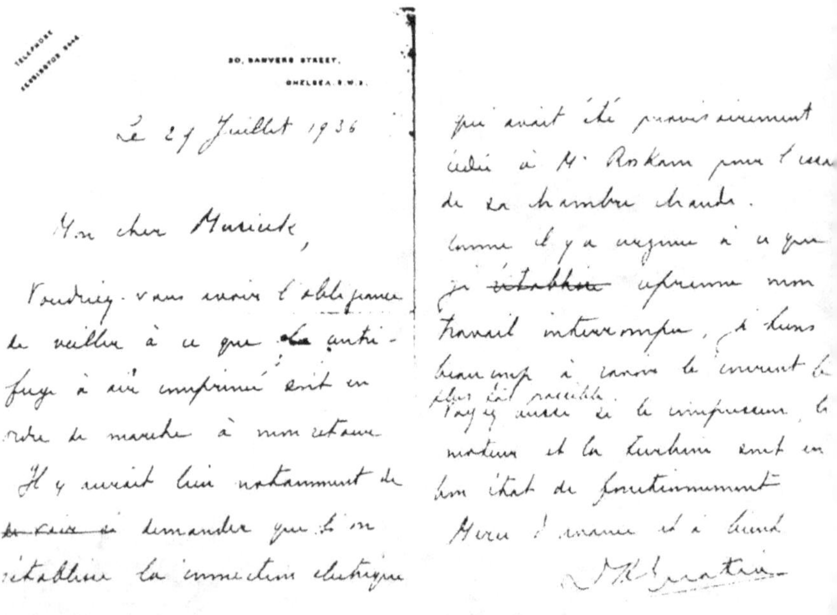

30, DANVERS STREET,
CHELSEA, S.W.3.

Le 27 Juillet 1936

Mon cher [illegible],

Voudriez-vous avoir l'obligeance de veiller à ce que la centrifuge à air comprimé soit en ordre de marche à mon retour.

Il y aurait lieu notamment de demander que l'on rétablisse la connexion électrique qui avait été provisoirement cédée à Mr Roskam pour l'essai de sa chambre chaude.

Comme il y a urgence à ce que je reprenne mon travail interrompu, je tiens beaucoup à ravoir le courant le plus tôt possible.

Voyez aussi si le compresseur, le moteur et la turbine sont en bon état de fonctionnement.

Merci d'avance et à bientôt

Gratia

Message de Gratia, en séjour à Londres en 1936, à son préparateur au sujet de sa "centrifuge" :

Voudriez-vous avoir l'obligeance de veiller à ce que la centrifuge à air comprimé soit en ordre de marche à mon retour. Il y aurait lieu notamment de demander que l'on rétablisse la connexion électrique qui avait été provisoirement cédée à Mr Roskam pour l'essai de sa chambre chaude. Comme il y a urgence à ce que je reprenne mon travail interrompu, je tiens beaucoup à ravoir le courant le plus tôt possible. Voyez aussi si le compresseur, le moteur et la turbine sont en bon état de fonctionnement.

26, Avenue des Cailles.
Boitsfort.
Le 21 septembre 1942.

Cher Monsieur Gratia,

Je vous remercie vivement de votre lettre du 18 septembre me proposant d'étudier, dans le cadre du groupement de chercheurs que vous êtes en train de fonder, les relations existant entre les granules normaux et les virus. Je suis tout disposé à accepter ce travail aux conditions que vous m'indiquez ; je suis prêt à commencer dès que vous m'aurez donné des précisions sur certains points d'ordre technique. J'espère bien que j'aurai la possibilité de vous rencontrer prochainement afin de pouvoir entreprendre le travail sans délai.

Veuillez agréer, cher Monsieur Gratia, l'assurance de mes sentiments les plus dévoués

J. Brachet

Lettre de Jean Brachet en réponse à l'invitation de Gratia, un an après la fermeture de l'Université de Bruxelles, à travailler dans son laboratoire sur des virus animaux dont le virus de la grasserie du ver à soie.

Auderghem, le 12 septembre 1943
81 avenue [illegible]

Cher Monsieur Gratia,

Vous avez appris peut-être que je suis allé passer quelques jours à Liège le mois dernier pour humer l'atmosphère des laboratoires et recueillir du matériel de travail. J'ai depuis complété l'analyse des granules de vers à soie, des diverses fractions du matériel lourd de l'extrait de foie, des granules de B. megatherium. Je ne crois pas que Brachet ait eu l'occasion de vous signaler le fait assez frappant que les granules de vers à soie obtenus de graines contiennent 3 à 5 fois plus d'acide pentosenucléique que les granules de vers à soie. C'est la première fois que nous nous trouvons en présence d'une variation de la constitution des granules. Elle se produit dans le sens prévu par la théorie puisqu'elle accompagne une déviation du métabolisme de la larve que les examens histochimiques de Brachet ont mis nettement en évidence (synthèse massive de protéides et non de graisse par les cellules du corps gras). ~~[illegible]~~ Il sera sans doute fort intéressant dans l'avenir de faire des recherches quantitatives

Lettre de Raymond Jeener datée du 12 septembre 1943.

Transcription des lettres figurant dans les pages XIX et XX :

Cher Monsieur Gratia,

Je vous remercie vivement de votre lettre du 18 septembre me proposant d'étudier, dans le cadre du groupement de chercheurs que vous êtes en train de fonder, les relations existant entre les granules normaux et les virus. Je suis tout disposé à accepter ce travail aux conditions que vous m'indiquez ; je suis prêt à commencer dès que vous m'aurez donné des précisions sur certains points d'ordre technique. J'espère que j'aurai la possibilité de vous rencontrer prochainement afin de pouvoir entreprendre le travail sans délai.

Veuillez agréer... (*signé J. Brachet*)

Cher Monsieur Gratia,

Vous avez appris peut-être que je suis allé passer quelques jours à Liège le mois dernier pour humer l'atmosphère du laboratoire et recueillir du matériel de travail. J'ai depuis complété l'analyse des granules de ver à soie, des diverses fractions du matériel lourd de l'extrait de foie, des granules de *B. megatherium.* Je ne crois pas que Brachet ait eu l'occasion de vous signaler le fait assez frappant que les granules de ver à soie atteint de grasserie contiennent 3 à 5 fois plus d'acide pentosenucléique[1] que les granules de ver à soie[2]. C'est la première fois que nous nous trouvons en présence d'une variation de la constitution des granules. Elle se produit dans le cas prévu par la théorie puisqu'elle accompagne une déviation du métabolisme de la larve que les examens histochimiques de Brachet ont mis nettement en évidence (synthèse massive de protides et non de graisse par les cellules du corps gras). Il sera sans doute fort intéressant dans l'avenir de faire des recherches quantitatives sur les modifications du métabolisme global des larves au cours du développement de la grasserie...

(R. Jeener)

---

[1] lire : ARN.

[2] lire : granules de tissus sains de ver à soie.

Elisabeth et Eugène Wollman en 1915, peu après leur carrière liégeoise.

Jacques Beumer et, à sa gauche, Elie L. Wollman à la Conférence *Bageco* de 1987.

Pierre Fredericq : *en haut*, à son bureau de l'Institut de Pathologie à Liège ; *en bas*, assistant à la réunion sur les Bactériophages à l'Abbaye de Royaumont (France) en 1952. (On le reconnaît à l'extrême-droite de la photo, avec Robert Wahl à sa droite, Wolfhard Weidel à l'extrême-gauche).

René Thomas et Jean-Marie Ghuysen.

génétique, on prend les précautions que nous indiquent les connaissances actuelles de la génétique moléculaire. Mais ces connaissances sont-elles suffisantes ? Ensuite, il y a le problème de l'évolution possible des produits de la manipulation. Connaît-on suffisamment le matériel génétique manipulé et surtout, à cause de toutes les interactions difficiles à cerner entre molécules, cellules et plantes, peut-on prévoir à long terme l'effet d'une modification au niveau d'une séquence génétique ? Il y a aussi, entre autres questions, le problème posé par le transfert à partir de plantes transgéniques, rendues résistantes à des herbicides ou à des insectes, du mécanisme de résistance à d'autres plantes indésirables.

D'une façon générale, il est préférable de s'adonner davantage à la recherche plutôt que de la renier, surtout là où Ecologie et Génétique doivent s'associer. Dans la ligne des_scientifiques qui ont organisé la conférence d'Asilomar en 1975 à la suite de l'inquiétude de certains savants de voir utiliser sans ménagement un outil aussi puissant que le génie génétique, j'avais organisé un colloque sur les questions qui se posent depuis les immenses possibilités offertes par les manipulations génétiques. Mais c'était l'occasion de montrer aussi que ces manipulations présentent de l'intérêt en écologie à certains niveaux, par exemple en ce qui concerne la biodégradation. C'était en 1987. Depuis, des colloques de ce genre ont lieu tous les deux ans et s'amplifient : de *European meeting of Bacterial Genetics and Ecology*, ils sont devenus des symposiums internationaux avec le même logo "Bageco". On ne peut que s'en réjouir !

Prométhée, après avoir dérobé le feu du ciel, découvre qu'il ne lui est plus possible de maîtriser l'incendie allumé[8]. C'est bien la situation de notre civilisation actuelle. Cependant, on ne répétera jamais assez que condamner la science est absurde. C'est une erreur de croire que, parce qu'elle pourrait être mal utilisée, il faille saborder la recherche. C'est alors risquer de mettre l'homme dans une situation encore plus grave qu'auparavant parce qu'il se trouve devant de nouveaux défis. Que ceux-ci proviennent ou non, directement ou indirectement, des applications de la science,

---

[8] Allocution de l'ancien recteur de l'Université de Bruxelles (ULB), Jean Michot, lors de l'inauguration du square Lucia de Brouckère en mai 1984.

il faut intervenir de plus en plus vite. Il faut lutter contre les effets de la radioactivité ou de la pollution chimique, dont l'effet de serre, le cancer dont la fréquence semble effectivement accrue, l'émergence de nouveaux virus dont l'action peut-être apocalyptique, la résistance accrue des bactéries pathogènes à l'action des antibiotiques, la plus grande dangerosité de la tuberculose, la "maladie" des grands centres urbains, le stress de la vie professionnelle.

APPENDICES

SYNOPSIS ET TABLE CHRONOLOGIQUE

Pour une consultation rapide d'un aspect particulier traité dans les chapitres précédents, le lecteur trouvera dans ce synopsis les renvois utiles aux chapitres ainsi qu'aux termes scientifiques qui sont définis dans le glossaire (mots en italiques).

La question des variations microbiennes

Dans le chapitre I, puis dans le chapitre VII, il a été question respectivement du bacille de Koch, responsable de la tuberculose humaine et de la tuberculose bovine, et du bacille du charbon. Dans les deux cas, les idées de Gustave Gratia et de son fils André sont très avancées par rapport aux conceptions de l'époque[1].

En effet, les idées sur les variations et l'évolution, et donc sur l'aspect génétique des bactéries, étaient alors quasi inexistantes. On considérait que la bactérie était immuable et monomorphique. L'existence de *mutations* ou de mouvements génétiques responsables de variations supposait un changement au niveau d'un organe responsable de la continuité génétique. Chez les *Eucaryotes*, les travaux du début du siècle avaient révélé le rôle

---

[1] Ils ne figurent pas dans les index biographiques de la Belgique ou du Benelux qui ont été consultés à ce sujet ; le *Dictionnaire des Belges* (édition 1990) en donne un portrait assez imparfait. D'où l'opportunité de cet ouvrage que je me suis efforcé de rendre aussi objectif que possible.

des *chromosomes* en génétique et leur localisation dans le *noyau*. Or, jusque dans les années quarante, on considérait les bactéries comme des êtres acellulaires dépourvus de noyau et donc non sujets à des mutations, d'où un retard dans leur intérêt en génétique.

Sur la question de savoir si les changements observés chez une bactérie étaient spontanés ou dus à l'influence du milieu et pouvaient être transmis à la descendance, André Gratia avait des idées bien précises déjà en 1923 qui correspondent aux données actuelles (cf. chap. VII). Pour lui,

1) les mutations peuvent se produire indépendamment du milieu, celui-ci se limitant à entraîner des modifications de la culture sans qu'il y ait transfert à la descendance ;

2) il n'y a pas *hérédité* des caractères acquis ;

3) les mutations sont spontanées, donc indépendantes de l'agent utilisé pour leur sélection.

Découverte des phénomènes naturels de destruction dans une communauté de microbes

Il faut en distinguer clairement les différents acteurs (cf. chap. III) :

a) *bactériophages* ;

b) *lysines* bactériennes, actives surtout sur les bactéries tuées ; par exemple, celles qui sont responsables de "l'isophagie staphylococcique" ;

c) *enzymes bactériolytiques* chez divers micro-organismes, dont les *Actinomycètes*, et

d) *antibiotiques*, catégorie des métabolites agissant sur des bactéries vivantes et dont l'action est bactériostatique, bactéricide ou bactériolytique.

Les observations sur l'antibiose sont nombreuses depuis Pasteur, mais la contribution d'A. Gratia[2] et de ses collaborateurs

---

[2] Il s'agit d'André Gratia, ici et dans la suite de ce chapitre.

t continuateurs belges est assez étonnante, bien que méconnue ›u incorrectement commentée. Ceci concerne la découverte des ctivités bactériolytiques et bactéricides des produits de plusieurs ouches de bactéries et de moisissures, la caractérisation de ces ›roduits et les méthodes sélectives pour l'isolement de germes à ›ropriétés antibiotiques. Celles-ci sont d'ailleurs basées sur une echerche délibérée entreprise déjà en 1924.

)écouverte du bactériophage. Théories sur sa nature : utolyse transmissible ou virus bactérien

Les publications de Twort et de d'Hérelle font état de la lyse les bactéries et de la transmissibilité de l'agent responsable de ette lyse. Quels que soient les phénomènes décrits et leur nterprétation, Gratia, le premier, montre qu'ils sont deux nanifestations différentes de l'action d'un même type d'agents, les ›actériophages ; parmi d'autres auteurs, il les considère comme les virus bactériens.

Les conclusions intrigantes des recherches poursuivies par ules Bordet déclenchent de nombreux travaux (chap. IV). Bordet, comme l'allemand Gildemeister, est à l'origine de la notion de *lysogénie*, c'est-à-dire la propriété héréditaire de la bactérie de produire elle-même du bactériophage. Ce phénomène était plus ou moins bien accepté par une petite fraction des auteurs jusqu'en 1950, mais son existence était vigoureusement niée par le "Groupe Phage" aux USA. Enfin, Lwoff réalise 'expérience définitive pour démontrer l'existence du *prophage* esponsable de la production de phage par la bactérie lysogène, existence pressentie par d'autres antérieurement (outre Gratia, un autre Belge, Max Adant, Macfarlane Burnet, Earl McKinley dans e laboratoire de Bordet, Eugène et Elisabeth Wollman à Paris...). Ensuite, Elie Wollman collabore avec François Jacob pour établir es bases de la génétique du prophage en rapport avec leur contribution importante en matière de génétique bactérienne chap. VII, IX et X). L'intégration du prophage a fait l'objet des travaux de Pierre Fredericq, notamment, peu après 1950 (chap. VII, X).

Twort avait émis deux hypothèses pour expliquer le phénomène de bactériophagie : *virus* bactérien ou *autolyse transmissible*. Bordet choisit la deuxième hypothèse et avance une théorie qui a le grand intérêt d'anticiper les idées actuelles sur le *prion*, selon lesquelles il y a transfert de changement de conformation de protéines (chap. XI).

Plasmides, plaque tournante entre antibiotiques et virus bactériens

Les antibiotiques sont des produits du métabolisme, généralement des peptides, qui tuent les bactéries, tandis que les bactériophages sont des virus qui infectent les bactéries et qui, au terme de leur développement, provoquent la lyse de la bactérie infectée. Les *bactériocines*, dont les *colicines* découvertes en Belgique par Gratia puis étudiées par Fredericq, sont des antibiotiques d'un type particulier qui tuent les bactéries (ou inhibent leur croissance) quand elles sont de la même espèce que les bactéries productrices (ou qui leur sont très apparentées). Dès 1949, on a établi des relations entre bactériophages et bactériocines, déjà entrevues par Gratia dès 1926 (chap. V). C'est ainsi que les *récepteurs* membranaires où se fixent les bactériocines sur la bactérie sensible et ceux où se fixent les phages qui introduisent leur *génome*, qui assurera leur développement aux dépens de la bactérie infectée, sont parfois apparentés. Ils peuvent même être communs aux deux agents dans certains cas. A cette conclusion ont également contribué Paul Bordet et Jacques Beumer par des méthodes immunologiques (chap. V et VI).

Le prophage et le facteur responsable de la production de bactériocine sont tous deux inductibles, par exemple par traitement aux UV de la bactérie dite lysogène et bactériocinogène respectivement (chap. V). C'est à cette occasion que les auteurs de ces expériences d'induction comparées, F. Jacob et Elie Wollman, ont introduit la notion d'*épisomes* pour ces deux facteurs (chap. V et VII). Elle est très importante : ce sont des unités génétiques ajoutées conférant des propriétés non indispensables à la vie de la bactérie et pouvant exister à l'état libre dans le cytoplasme (*plasmide* bactériocinogène et phage-plasmide ou *phasmide*) ou intégré dans le chromosome. Cette dernière se réalise par insertion linéaire selon le modèle de Campbell (chap. VII).

Virus, entités infracellulaires

C'est à l'occasion des recherches sur le phage que des progrès substantiels ont été obtenus dans le domaine des virus. En effet, les virus des animaux, en particulier ceux de l'homme, étaient difficiles à cultiver *in vitro*. Il a fallu attendre notamment les techniques de culture sur embryon dans l'œuf de poule fécondé, mises au point par F.M. Burnet en 1943, pour suivre l'évolution des lésions et pour récolter du virus en quantité suffisante. Par contre, les bactériophages et les virus des plantes comme le virus de la mosaïque du tabac ne présentent pas de difficultés pour observer les lésions : plages de phage sur gélose microbienne et taches de virus végétal sur feuilles, chaque lésion étant le résultat du développement à partir d'une unité de virus. Grâce à une méthode de lyse confluente sur cellophane et ultracentrifugation mise au point vers la fin des années trente, Gratia a pu récolter dans un petit volume de liquide jusqu'à 10^{13} unités de bactériophage (qu'on a vu plus tard correspondre à des particules de forme caractéristique de la souche de phage). Mais à l'époque où, avec succès, Gratia entreprend des expériences très concluantes concernant le bactériophage d'un côté et le virus de la mosaïque du tabac de l'autre, on ne savait absolument rien de la nature et du mode de développement de ces virus. La méthode immunologique en particulier, qui permet de différencier les antigènes d'origine virale et ceux de l'hôte, la bactérie ou la plante, a été utilisée avec profit. L'étude des facteurs physiques, comme la diffusibilité, la sédimentation après centrifugation, la sensibilité aux hautes pressions (chap. VIII) ou l'influence des électrolytes (chap. VI) ont fait progresser la virologie. Un étroit parallélisme entre phages et virus permettait notamment à Gratia dès 1935, de conclure à la nature virale des bactériophages.

La thèse selon laquelle le virus de la mosaïque du tabac est une protéine n'a pas résisté à l'analyse ultérieure (chap. VIII). L'idée d'un processus autocatalytique pour expliquer les lésions virales a été réfutée par Gratia et Fredericq sur base d'une expérience simple inspirée de leurs connaissances en matière de coagulation du sang. Les conclusions de cette expérience font la distinction entre virus et prions (chap. XI).

Une étape décisive dans la virologie est due à Gratia qui, avec l'entomologiste français André Paillot puis avec Jean Brachet et Raymond Jeener, a réalisé des études immunologiques et biochimiques (analyse des acides nucléiques) sur un virus d'insecte (chap. VIII). En effet, ils montrent que les tissus sains du ver à soie contiennent des granules antigéniquement distincts du virus de la polyhédrose, qui est reproduit en abondance dans les tissus infectés. De plus, à la différence du virus du sarcome de Rous, étudié par Claude et qui contient de l'*ARN* comme les granules des tissus sains, le virus de la polyhédrose contient de l'*ADN*. Les auteurs purent alors distinguer les deux types de nucléoprotéines et ils remarquèrent que les tissus infectés contenaient beaucoup plus de granules à ARN que les tissus sains. Donc, le virus, tout en se multipliant, stimule la synthèse de granules nucléoprotéiques normaux. Ce fait important publié dans une revue de faible diffusion a été insuffisamment évoqué.

Avènement de la génétique moléculaire. Phages et plasmides colicinogènes vecteurs de gènes et ingénierie.

C'est seulement au cours de la seconde moitié du siècle qu'il a été universellement reconnu que l'ADN est le support de l'information génétique. Il a été définitivement établi que la semence introduite par le phage ou le virus dans la cellule est un acide nucléique, parfois l'ARN mais, le plus souvent, l'ADN dans les phages étudiés (chap. IX). La notion de *génome* sous forme d'une molécule circulaire se répliquant comme telle dans une bactérie ou lors de la reproduction du phage a mis du temps à germer. Elle vient après que, dans les années quarante, on découvre des nucléoïdes dans le corps bactérien, puis l'existence de différents modes d'échanges génétiques chez *E. coli* : *conjugaison* entre deux bactéries avec transfert partiel et unidirectionnel d'une copie du *chromosome* de la bactérie dite donatrice à la bactérie réceptrice, *transduction* d'un fragment de ce chromosome par un bactériophage et *transformation* réalisée artificiellement par de l'ADN purifié (chap. VII, IX et X).

En 1936, dans un travail quasi méconnu, Gratia révèle l'existence de mutations chez les phages et, donc, d'un appareil génétique chez les virus (chap. VII). Grâce aux travaux effectués sur le phage *tempéré* lambda d'*Escherichia coli* K12 et le facteur colicinogène codant pour la colicine E1 (plasmide ColE1), on a pu "construire" des vecteurs de *gènes* de provenances diverses. Cette construction se fait par "clivage-ligation" et suppose la découverte d'enzymes et, parmi elles, les enzymes de *restriction*. Dans ce développement, la participation de Fredericq, dont les travaux remontent peu après 1950, est importante, même si cet auteur ne pouvait prévoir la naissance de cette nouvelle science (chap. V et X).

1950, charnière entre deux périodes et naissance de la Biologie moléculaire de l'ADN

C'est l'époque de la découverte du prophage et de la reconnaissance encore timide du rôle génétique de l'ADN, bien que les expériences sur la transformation des pneumocoques aient été publiées déjà en 1944 mais sans avoir fait l'unanimité à ce moment. C'est aussi une période où se sont distingués des Belges qui ont publié des travaux importants sur la structure des acides nucléiques, l'ARN et l'ADN.

Dès 1949, René Thomas étudie, dans le laboratoire de Brachet à Bruxelles, la composition des acides nucléiques puis découvre la dénaturation de l'ADN. Il effectue une approche vers la connaissance de sa structure un peu avant Watson et Crick (chap. IX). Cet auteur est aussi bien connu pour ses travaux sur la *régulation* des phages tempérés et l'analyse par simulation des *circuits régulateurs* dans le mode d'action des gènes (chap. VII).

Dans le même département, R. Jeener, qui reprend à Bruxelles les travaux entrepris à Liège sur les virus, dont le virus de la mosaïque du tabac, confirme la nécessité de l'intégrité de l'ARN pour l'infectiosité du virus. Il met en évidence l'existence d'une période spécifique de sensibilité du virus à la ribonucléase au cours du cycle de développement du virus dans l'hôte. Il propose alors un rôle héréditaire de l'ARN équivalent à celui de l'ADN, ce qui a été confirmé (chap. IX).

Dès 1949 également, Jean-Marie Ghuysen apporte une première représentation de la structure de l'ARN de la levure et révèle que les proportions moléculaires des quatre bases *nucléotidiques* dans l'ARN natif sont presque identiques, comme Chargaff l'a montré pour les quatre bases de l'ADN (chap. IX).

De la fixation des phages et colicines et du mode d'action des antibiotiques à l'analyse des structure et fonction de l'enveloppe bactérienne

Il est absolument impossible de comprendre le fonctionnement d'une *cellule* si on ne connaît pas l'architecture de ses composantes *membranaires* situées en divers lieux dans une cellule eucaryote et sous forme d'enveloppe externe chez les bactéries et si on ne connaît pas les mécanismes de perméation et d'interactions avec les milieux extérieur et intérieur. En ce qui concerne les bactéries, on a abordé ces questions très tôt en Belgique, dans les années vingt à l'IPB puis, dès 1940, par le biais de la recherche du mécanisme de fixation des phages (chap. VI).

Dans un second temps, à l'IPB et surtout à Liège, on s'est attelé à l'étude des enzymes bactériolytiques et à l'analyse du mode d'action des antibiotiques, la pénicilline d'une part et les colicines d'autre part. A ce sujet, Jean-Marie Ghuysen s'est révélé un pionnier dans l'étude du mode d'action de la pénicilline et dans l'analyse de la paroi des bactéries à Gram positif (chap. III et VI).

Note en annexe

Le ménage **Wollman** a connu une carrière liégeoise avant de s'investir dans la bactériologie à Paris. Venu de Minsk, en Biélorussie, Eugène Wollman interrompt ses études d'ingénieur entreprises en 1892 à l'Université de Liège pour s'orienter vers les sciences naturelles puis vers la médecine dans la même Université. Il y retrouve son amie d'enfance, Elisabeth Michelis, qui prépare son doctorat en Chimie physique dans le laboratoire de Walter Spring.. Eugène Wollman est alors élève assistant de Léon Fredericq, puis d'Edouard Van Beneden. A la mort de ce dernier, en 1911, il dira : *Il est impossible de prévoir où conduiront les voies tracées par Edouard Van Beneden, quelles modifications subiront les hypothèses et les interprétations. Mais les données conquises avec un rare génie d'observation et d'analyse resteront l'un des fondements les plus importants de la biologie. Et à côté de cette oeuvre immortelle vivra, dans la mémoire de ceux qui ont eu le bonheur de le connaître, le souvenir de cette nature noble et élevée.* Eugène et Elisabeth, alors mariés, se font des amis parmi les naturalistes et médecins belges de renom, dont Marc de Sélys Longchamps et Pierre Nolf. A Paris, ils sont accueillis à l'Institut Pasteur. Ils y travaillent ensemble sur le bactériophage jusqu'au moment de leur déportation en 1943. Ils sont les parents d'Elie L. Wollman..

Chronologie des travaux et concepts sur les variations des bactéries, la lysogénie, la génétique des bactéries et de leurs virus et les débuts de la génétique moléculaire

1880-1901	R. Koch : isolement du *Mycobacterium tuberculosis* et épidémiologie du BK
1903	G. Gratia : transmissibilité du BK entre homme et bétail
1915	F. W. Twort : transformation vitreuse des micro-coques
1917	F. d'Hérelle : lyse des cultures de *Shigella* par bactériophage
1920-1921	A. Gratia : isolement de staphylophages monovalents et polyvalents ; identité des phénomènes de Twort et d'Hérelle
1921	J. Bordet ; E. Gildemeister : premiers travaux sur la lysogénie
1922	R. Appelmans : inactivation des bactériophages par irradiation
1923-1932	A. Gratia : origine spontanée de la résistance aux phages ; variations du *Bacillus anthracis* ; découverte de la première colicine ; colicinogénie *vs* lysogénie
1928-1936	M. Adant ; F. M. Burnet ; A. Gratia ; E. McKinley ; E. et E. Wollman[3]: études sur la lysogénie et premiers concepts du prophage ; préhistoire de la génétique de phage ; méthode de titrage des bactériophages
1942	C.F. Robinow : mise en évidence des nucléoïdes bactériens
1942	H. Ruska : première micrographie électronique de phages caudés et non caudés
1943	S. Luria et M. Delbrück : origine spontanée et fréquence des mutations bactériennes
1944	O. Avery *et al.* : transformation du pneumocoque par l'ADN
1946-48	P. Fredericq : pluralité des colicines et mise en évidence de récepteurs spécifiques
1946-49	J. Lederberg *et al.* : découverte de la recombinaison génétique chez *Escherichia coli.*

---

[3] travaux menés indépendamment dans différents laboratoires

)46 M. Delbrück et "Phage Group" : recombinaison génétique entre mutants de bactériophages virulents

)49 R. Latarjet : induction de mutations de phage par irradiation UV

)50 A. Lwoff *et al* : expériences définitives sur le déterminisme de la lysogénie

)51 R.I de Mars ; W. Mutsaars : action mutagène de l'acriflavine

)51 J. Thibaut et P. Fredericq : induction du prophage dans *Corynebacterium diphteriae*

)49-1952 E. Chargaff ; R. Thomas ; J.-M. Ghuysen : analyse de la structure des acides nucléiques

)52 A. D. Hershey et M. Chase : ADN du phage, sa seule substance germinale

)52 J. Lederberg ; W. Hayes : découverte du facteur F de polarité sexuelle

)53 J. Watson et F. Crick : modèle de la structure de l'ADN

)54 P. Fredericq et M. Betz-Bareau : mise en évidence de la nature plasmidique des facteurs colicinogènes ; parenté avec le facteur F de polarité sexuelle

)58 F.. Jacob et Elie L. Wollman : localisation génétique des prophages ; notion d'épisomes

)58 K. Ochiai ; T. Watanabe et T. Fukasawa ; T. Akiba *et al.*; R. Nakaya *et al.* ; S. Mitsuhashi *et al.* : découverte des facteurs R de résistance aux antibiotiques.

Des suspicions d'antibiose à la découverte des plasmides. De bactériocines aux virus

1878	L. Pasteur et J. Joubert : antagonisme entre bacille d charbon (*Bacillus anthracis*) et bactéries causeant l septicémie
1889	C. Bouchard : antagonisme entre *B. anthracis* e bacille pyocyanique (*Pseudomonas aeruginosa*)
1897	E. Duchesne : antagonisme *in vivo* possible entr *Penicillium glaucum* et bacille typhique (*Salmonell typhi*)
1899	R. Emmerich et O. Löw : action bactéricide et parfoi bactériolytique de produits concentrés de *P.pyocyane* sur *B. anthracis* et autres bactéries
1907	M. Nicolle : Action de filtrats de *Bacillus subtilis* sur divers germes pathogènes
1909	E. Metchnikoff : bactériothérapie intestinal (Yogourth)
1914	I. Schiller : antagonisme provoqué
1915-17	F.W. Twort ; F. d'Hérelle : phénomènes d bactériophagie
1921	A. Gratia : bactériophage "polyvalent" actif sur diver staphylocoques
1921	R. Lieske : action *in vitro* de produits d'Actinomycète sur bactéries vivantes
1923	A. Gratia et B. Rhodes : "isophagie staphylococcique"
1924	A. Gratia et S. Dath : recherches systématiques de actions antibiotiques et bactériolytique d'Actinomycètes, de *Bacillus* et d'un *Penicillium* "mycolysats"
1925	A. Gratia : isolement de la première souche d'*E. co* colicinogène ; caractérisation de la premièr bactériocine : "principe V" (colicine V)
1929	A. Fleming : action antibiotique d'un produit d sécrétion d'un *Penicillum notatum* à l'égard d bactéries à Gram positif (pénicilline)
1932-45	A. Gratia, P. Manil, A. Paillot, J. Brachet et R. Jeene étude des virus des plantes et d'insectes ; comparaisor avec desphages par ultra-centrifugation, sérologie analyse des acides nucléiques

1937	M. Welsch : première caractérisation de l'actinomycétine
1939	R. Dubos : purification de la tyrothricine, premier antibiotique utile en thérapeutique
1940-42	E. B. Chain, E.P. Abraham, H. Florey et A.D. Gardner : purification de la pénicilline
1940-46	S. A. Waksman, H. B. Woodruff, *et al.* ; M. Welsch : isolement de souches de *Sreptomyces* à propriétés antibiotiques et purification de leurs produits dont la streptomycine et l'actinomycin D
1946-52	P. Fredericq: caractérisation de plusieurs colicines ; communauté de récepteurs de phages et de colicines
1952	J. Lederberg *et al.* ; W. Hayes : mise en évidence du caractère plasmidique du facteur F de fertilité responsable de la conjugaison bactérienne
1952-1957	J. M. Ghuysen : analyse, purification et mode d'action de l'actinomycétine
1954-1970	P. Fredericq *et al* ; S. Falkow *et al.*; T. Watanabe *et al.*: isolement de souches porteuses des plasmides R et ColE1 ; recombinaison entre ces plasmides et étude de leur mode de transmission.

QUELQUES REFERENCES UTILES

a) La liste des publications auxquelles se réfèrent le texte dans les notes en bas de page n'est pas exhaustive. Le lecteur trouvera des références complémentaires dans les articles et ouvrages suivants.

M. H. Adams, *Bacteriophages* (Interscience, New York, 1959)

J. Bordet, The theories of the bacteriophage. *Proc. R. Soc. London* (1931) **107**, 398.

A.M. Campbell, Episomes, *in* : Halverson H. O. *et al.*, ed., *Modern Perspectives in Biology* (Harper et Row, New-York, 1969).

J. W. Dale, *Molecular Genetics of Bacteria,* 2nd ed. (Wiley et Sons, Ltd, Chichester, 1994).

P. Fredericq, *Actions antibiotiques réciproques chez les Enterobacteriaceae* (J. Duculot, Gembloux, 1948).

P. Fredericq, Colicines et autres bactériocines. *Ergeb. Mikrob. Imm. Exp. Ther.* 1963, **37**, 115.

A. Gratia, La nature des ultravirus, *in* : C. Levaditi et P. Lepine, ed., *Les Ultravirus des Maladies Humaines* (Maloine, Paris, 1938 ; 1948).

A. Gratia, *Les Antibiotiques autres que la pénicilline.* Coll. Médecine et Biologie n°8 (M. Florkin, ed.) (Masson et Cie, Paris, 1948).

J-P. Gratia, André Gratia, a forerunner in microbial and viral genetics, *in* : J.F. Crow et W.F. Dove, ed., Perspectives, *Genetics* (2000) **156,** 471.

J. Grinsted et P.M. Bennett, ed., *Plasmid technology* (Acad. Press Ltd , London, 1988).

K. G. Hardy, Colicinogeny and related phenomena. *Bact. Rev.*

(1975) **39**, 464
W. Hayes, *The Genetics of Bacteria and their Viruses* (Blackwell Sci. Publ., Oxford, 1968).
F. Jacob, *Les bactéries lysogènes et la notion de provirus* (Monographies de l'Institut Pasteur ; Masson et Cie, Paris, 1954).
J. Jamarillo-Arango, History of Antibiotics, *in* : *The British Contribution to Medecine* (E. et S. Livingston Ltd, London, 1953) pp. 50-94.
M.C. Maurel, *Les origines de la vie* (Coll. "Comprendre", Labor, Bruxelles, 1994).
M. Nomura, *Ann. Rev. Microbiol.* (1967) **21**, 257.
P. Reeves, *Bacteriocins* (Chapman et Hall, London, 1972).
Ph. Rhodes, *An Outline History of Medicine* (Butterworth, London, 1985).
J.E. Sambrook *et al.*, *Molecular cloning : a laboratory manual* (2e éd. Cold Spring Harbor Laboratory. Cold Spring Harbor, New York, 1989).
G. Stent, *Molecular Biology of Bacterial Viruses* (W.H. Freeman et Cy, San Francisco, 1963).
R. Thomas, Recherches sur la structure et les fonctions des acides désoxyribonucléiques, *in* : M. Florkin et J. Roche, éd., Coll. *Actualités Biochimiques* (Masson et Cie, Paris 6e, 1962).
M. Welsch, André Gratia, *in* : *Liber memorialis*, L'Université de Liège de 1936 à 1966, notices biographiques, (Duculot, Gembloux, 1966) p. 613-631.

b) ***Quelques ouvrages d'intérêt général*** :

Ch. de Duve, *Poussière de vie. Une histoire du vivant* (Fayard, Paris, 1996).
R. Dubos, *Les célébrations de la vie* (Stock, Paris, 1982).
F. Gros, F. Jacob et P. Royer. *Sciences de la vie et société*. Rapport présenté à M. le Président de la République (La Documentation française, 1979).
F, Jacob, *La Logique du vivant* (Gallimard, Paris 1970).
F. Jacob, *Le Jeu des possibles* (Fayard, Paris, 1981).
F. Jacob, *La Statue intérieure* (Odile Jacob, Seuil, Paris, 1987).
F. Jacob, *La souris, la mouche et l'homme* (Odile Jacob, 1997).

GLOSSAIRE

Les termes non répertoriés ici sont définis dans le texte ou, en aractères italiques, dans les définitions des autres termes.

ctinomycètes

Groupe d'Eubactéries à Gram positif, souvent filamenteuses et arfois ramifiées, certains filaments pouvant avoir l'apparence 'hyphes mycéliens, d'où la confusion antérieure avec les Mycètes noisissures). Ils sont généralement *saprophytes,* se nourrissant de ubstances organiques de plantes mortes et en décomposition ; ils roduisent des antibiotiques et/ou des *enzymes bactériolytiques*. ctuellement, *Actinomyces* et *Streptomyces* sont classés dans des amilles différentes appartenant à l'ordre des Actinomycétales.

ctinomycétine

Nom donné par Welsch aux produits de sécrétion du *treptomyces albus* G ; l'analyse ultérieure y révèle la présence 'enzymes protéolytiques et endonucléolytique (*Sal*I) et d'un ntibiotique.

daptative

Se dit d'une enzyme dont la synthèse est soumise à un contrôle de égulation négative ou rétrocontrole (cf. travaux de Monod *et al.*).

DN

L'acide désoxyribonucléique ou acide thymonucléique (la raduction anglaise (DNA) est la plus usitée) est un polymère de ésidus 2-désoxyribosyle, où le carbone anomère porte une base purique (adénine ou guanine) ou pyrimidique (cytosine ou thymine dont l'ordre de succession constitue l'information génétique. En fai le polymère est double et formé de longues chaînes antiparallèle en hélice selon les règles d'appariement des bases : adénine ave thymine, guanine avec cytosine. L'ADN des bactéries et de organelles des cellules eucaryotes (mitochondies et chloroplastes voir plus loin) est circulaire même pendant la réplication. Chez le bactériophages à ADN, la molécule est linéaire dans le virion (voi ce terme) mais passe par une phase circulaire après pénétration puis éventuellement, insertion linéaire sous forme de prophage dans l chromosome de la bactérie-hôte.

Aerobie, anaérobie

Termes qui distinguent les micro-organismes dont l'utilisation d l'oxygène est indispensable pour les *aérobies stricts*, facultative pou les *anaérobies facultatifs,* qui peuvent utiliser l'énergie fournie par l fermentation, ou encore toxique chez les *anaérobies stricts,* qui n peuvent empêcher les effets toxiques de l'oxydation.

Agar-agar

Extrait colloïdal de nature polysaccharidique d'algues des mers d Japon. Il est utilisé pour la préparation des milieux de culture solide (*gélose*) ou semi-solides selon que sa concentration est de 1-2% o de 0.6%, les premiers servant à l'isolement ou à la numération de germes formateurs de colonies, les seconds pour la mise en évidenc de plages de bactériophages et leur numération ou de zone d'inhibition ou de lyse par des germes à activité antibiotique o bactériolytique. L'agar a la particularité de se dissoudre à 100°C et s solution de rester liquide quand la température baisse jusqu'à 42°C.

Agglutination

Formation d'agrégats suite à l'interaction entre molécules ou entr bactéries de certaines souches dites agglutinantes. On peut provoque l'agglutination de toute bactérie (ou globule rouge, p.ex.) avec de anticorps dirigés contre des éléments de leur surface.

Allèle

On parle d'allèles quand un gène existe sous deux formes, l'un *sauvage* quand elle est caractéristique de l'espèce, l'autre *mutant* quand elle est différente. Il peut exister plusieurs mutations d'u même gène ; elles sont alors dites alléliques. Les allèles sont soit *récessifs*, soit *dominants* selon que leur expression est négative (ou réduite) ou positive dans les cellules somatiques qui contiennent deux chromosomes de même nature génétique, l'un d'origine paternelle et l'autre d'origine maternelle.

Antibiose, antibiotique

Ces termes, couramment utilisés depuis Waksman, ont été originellement introduits par P. Vuillemin en 1889 à l'Association Française pour l'Avancement des Sciences. Ils désignent une interaction entre micro-organismes se traduisant par la production de métabolites toxiques pour d'autres micro-organismes permettant un certain équilibre microbiologique, notamment dans les sols. Les antibiotiques sont soit antibactériens, soit antifongiques. Leur structure moléculaire et, corrélativement, leur spectre d'activité diffèrent. Ils sont produits par certaines moisissures et espèces bactériennes, principalement des Actinomycètes filamenteux comme *Streptomyces*. L'action antibiotique est bactériostatique, bactéricide ou bactériolytique selon qu'il y a inhibition de croissance, mort ou lyse de la bactérie sensible. Les antibiotiques sont parfois plus ou moins toxiques chez l'homme (ex : streptomycine, vancomycine, chloramphénicol). L'acide nalidixique et la mitomycine sont utilisables comme inducteurs de la production de phage ou de bactériocines. La résistance aux β-lactamines permet la sélection de souches portant un plasmide codant pour une β-lactamase, par exemple un vecteur de gènes clonés. Beaucoup d'antibiotiques sont actuellement synthétiques ou semi-synthétiques.

Anticorps, antigène

L'anticorps est une protéine de type γ-globuline qui reconnaît l'antigène correspondant et s'y associe. Sa production est induite par un immunogène. L'antigène est reconnu par l'anticorps ou par le récepteur d'un *lymphocyte T*, c'est-à-dire un leucocyte mononucléé responsable des réponses immunitaires spécifiques.

Archaea

Groupe de bactéries aussi appelées Archéobactéries et distinctes des Eubactéries. Leur enveloppe est nettement différente de celles des Eubactéries notamment par leur composition lipidique et l'absence d'acide muramique. Elles sont distinctes des Eubactéries aussi par leurs ARN ribosomiaux et ARN de transfert (voir ci-après). Elles sont généralement résistantes à des conditions de vie extrêmes (acidité, haute température, salinité, etc.). Elles seraient apparentées aux ancêtres des Eucaryotes.

ARN

L'acide ribonucléique (pentose- ou zymonucléique) est un polymère de monoribonucléotides mis en jeu dans la *transcription* des gènes (*ARN messager*) puis dans la *traduction* (*ARN de transfert*) lors de la synthèse des protéines dont la composition est définie par le gène correspondant. Lors de la transcription du brin de l'ADN, la thymine est remplacée par l'uracile. Le génome de certains virus est composé d'ARN ; l'ARN des rétrovirus est transcrit en ADN dans les cellules.

Auxotrophie

Concerne tout organisme qui n'a pas - ou qui a perdu - la capacité de synthétiser une ou plusieurs substances et qui ne peut donc se développer sans l'apport de ces substances dans un milieu minimal composé de sels minéraux et d'une source de carbone. A ne pas confondre avec autotrophie qui concerne les organismes qui peuvent utiliser des substances minérales à la base de leurs synthèses.

Bactéries

Organismes unicellulaires, quelquefois pluricellulaires filamenteux (ex. : le genre *Streptomyces*) et procaryotes, à savoir que l'information génétique est contenue dans une molécule d'ADN circulaire à l'état libre dans le cytoplasme (mais partiellement liée à la membrane cytoplasmique et associée à quelques protéines basiques) à la différence du noyau des cellules eucaryotes. Les bactéries sont haploïdes .Il n' y a pas d'organelles mais parfois des plasmides ou des phasmides (voir ces termes). On distingue les Eubactéries et les Archéobactéries ou *Archaea* (voir ces termes).

Bacteries à Gram positif et à Gram négatif (voir Eubactéries)

Bactériocine

Molécules de type protéique tuant ou inhibant la croissance de bactéries apparentées aux bactéries productrices, dont l'action dépend de récepteurs spécifiques sur l'enveloppe des bactéries sensibles et dont la biosynthèse est létale. Elles sont parfois apparentées aux protéines létales situées à l'extrémité libre des queues de phages virulents et ont d'ailleurs parfois la structure d'une queue de phage. Colicines, pyocines et mégacines sont respectivement produites par *Escherichia coli*, *Pseudomonas pyocyanea*, *Bacillus megatherium*.

Bactériophage

Virus bactérien comprenant une phase extracellulaire sous la forme de particules dont la dimension varie selon le "phage" entre 25 et 200nm. La particule de phage comprend une capside protéique à structure géométrique précise, par exemple icosahédrique. Les phages caudés sont pourvus d'un appendice de fixation plus ou moins long pour s'adsorber aux dépens d'un récepteur spécifique dans la partie accessible de l'enveloppe de la bactérie sensible. Les déterminants génétiques ou génome phagique sont contenus dans une molécule linéaire d'ADN bicaténaire, parfois monocaténaire, ou d'un ARN. Pendant la phase intracellulaire, il y a trois situations possibles selon les phages ou les réponses à l'infection :

1) réplication du génome phagique et maturation en particules libérées le plus généralement par lyse de la cellule-hôte,

2) insertion linéaire du génome phagique, après sa circularisation, dans la continuité du chromosome bactérien et répression des fonctions phagiques (prophage) ;

3) maintien du génome phagique circulaire à l'état de phasmide.

Cellule

La plus petite unité fonctionnelle et structurale des organismes vivants. Selon sa structure et ses mécanismes on distingue des cellules procaryotes et eucaryotes (voir ces termes). Parmi les cellules eucaryotes, on distingue les cellules *somatiques*, qui sont diploïdes et constituent les tissus des organismes adultes, les cellules *embryonnaires*, qui sont intermédiaires entre la cellule œuf ou zygote et les *tissus*, et les cellules sexuelles ou gamètes qui sont haploïdes et dont la fusion donne naissance au zygote (voir ces terme).

Chloroplastes

Organites des cellules végétales dont la coloration verte est due à la présence de chlorophylle nécessaire à la photosynthèse. Comme les mitochondries, ils contiennent un ADN circulaire.

Chromatine, chromatides, chromosomes

La chromatine apparaît dans le noyau interphasique d'une cellule eucaryote sous la forme d'un matériel filamenteux. Elle est constituée d'ADN bicaténaire linéaire et enroulé autour de noyaux protéiques basiques (histones). Elle est convertie en chromatides qui composent les chromosomes pendant la division du noyau, à raison de deux chromatides par chromosome. Par extension, la molécule d'ADN circulaire qui porte l'information génétique des diverses fonctions d'un procaryote est aussi appelée chromosome.

Clone, clonage

Population cellulaire issue d'une seule cellule par filiation, uniquement par division cellulaire et donc porteuse d'un seul type de génome. Par mutation, infection virale ou transfert génétique, le clone peut subir des modifications d'où formation de sous-clones séparables par ré-isolement de chaque cellule. – Clone désigne aussi des individus eucaryotes nés les uns des autres par reproduction asexuée ou bien par séparation naturelle ou artificielle des produits de divisions successives d'un même zygote (clonage).

Coacervat

Phase fluide formée d'agrégats de gouttelettes riches en biopolymères qui aurait joué un rôle dans l'évolution prébiotique.

Colicine (Voir bactériocines)

Conjugaison

Fusion de gamétocytes d'algues ou de champignons. Formation d'un pont de copulation entre deux bactéries, suivi du transfert de plasmide et/ou d'un segment plus ou moins long du chromosome de la bactérie dite donatrice à la bactérie dite réceptrice.

Crossing-over

Rupture égale de deux chromatides non sœurs à un certain stade de la formation des gamètes suivie de leur recombinaison par réassociation croisée (échange réciproque). La formation d'au moins un crossing-over par paire de chromatides semble nécessaire à la ségrégation correcte de ceux-ci. Chez les bactéries, la recombinaison génétique entre un segment d'ADN transmis par conjugaison, transformation ou transduction et le chromosome circulaire de la actérie réceptrice nécessite un nombre pair de crossing-over.

ytoplasme

Contenu cellulaire qui comprend le cytosol, les ribosomes et, dans es cellules eucaryotes, les organites (voir ces termes). Le cytosol est n liquide visqueux optiquement vide, riche en protéines et en de ombreux autres composés hydrosolubles.

)élétion

Perte d'un segment d'ADN par suite d'une recombinaison illégitime" entre deux séquences d'un même chromosome ou d'un rossing-over inégal entre deux chromosomes.

)iploïdie

Etat d'une cellule contenant deux jeux complets de chromosomes omologues. La fusion des gamètes, qui sont haploïdes (*n* hromosomes), produit un zygote diploïde, point de départ du léveloppement d'un organisme multicellulaire.

ntérobactéries

Famille d'Eubactéries à Gram négatif de forme bacillaire, à espiration aéro-anaérobie facultative, fermentant le glucose et ne lonnant pas la réaction des oxydases. Elles sont souvent rototrophes. Généralement commensales, parfois entéropathogènes, lles peuvent coloniser l'intestin comme le colibacille (*E. coli*).

Eubactéries

Groupe des bactéries connues autres que les Archaea (voir ce erme), subdivisé en au moins dix groupes phylogénétiques sur base le l'analyse des ARN ribosomiaux 16S. On distingue des bacilles et les cocci selon que le corps bactérien est allongé ou sphérique, des actéries à Gram positif (ex : *Staphylococcus*) et des bactéries à Gram négatif (ex : *Escherichia coli*) selon qu'elles donnent lieu ou non à la coloration de Gram, du nom du médecin danois qui l'a mise au point de façon empirique en 1884. Cette coloration est liée à la capacité de l'enveloppe des bactéries à Gram positif de retenir rréversiblement le complexe iode-violet de gentiane.

Eucaryotes

Organismes qui, à la différence des Procaryotes (voir ce terme), possèdent un noyau séparé du cytoplasme par une membrane. (Ex animaux, plantes, protozoaires, champignons dont la levure).

Fibrine, fibrinogène et fibrin-ferment

La fibrine est un polymère qui résulte de la transformation, par la thrombine, du fibrinogène contenu dans le plasma sanguin ; elle constitue la trame insoluble du caillot. Le fibrin-ferment désigne des acteurs de la coagulation du sang et plus précisément l'ensemble des facteurs et enzymes sanguins et tissulaires qui, par une cascade de réactions, mènent à l'activation de la prothrombine en thrombine.

Gamète

Cellule sexuelle ou germinale, dont la fonction est d'assurer la reproduction des Eucaryotes. Les gamètes sont haploïdes et formés par réduction chromatique (2n à n chromosomes). La fusion de gamètes de sexe opposé, mâle et femelle, donne naissance à un zygote diploïde.

Gélose (voir agar-agar).

Gène

Au début, le gène était considéré comme le déterminant génétique d'un caractère. Actuellement, le terme gène est le plus souvent appliqué à l'unité génétique de fonction. On distingue gènes de structure, qui sont les unités génétiques codant pour une protéine et les gènes de régulation qui interviennent pour la transcription des gènes de structure. Chez les Procaryotes comme *E. coli*, les gènes de structure relatifs à un caractère comme la biosynthèse d'un amino-acide ou la fermentation d'un sucre sont souvent groupés en opéron (voir ce terme). La situation est plus complexe chez les Eucaryotes pour ce qui concerne les gènes nucléaires.

Génie génétique (ou ingénierie génétique)

Ensemble des techniques consistant à exciser un segment d'ADN de l'inclure *in vitro* dans un vecteur comme un phage ou un plasmide amplifiable dans une bactérie comme *E. coli* et d'obtenir au terme de l'incubation bactérienne dans des fermenteurs (ou bio-réacteurs) des quantités pondérables des ADN recombinants. On introduit dans l'organisme ce vecteur porteur du gène codant, par exemple pour le produit souhaité, ou porteur de l'allèle normal qui complémente le gène muté responsable d'une déficience enzymatique.

Génome

Somme des informations génétiques requises pour assurer la permanence de l'individu et sa perpétuation par reproduction sexuée ou asexuée. Chez les Eucaryotes, le génome comprend en plus des chromosomes, l'ADN mitochondrial, puisque certaines maladies sont dues à des mutations de gènes mitochondriaux, même si l'ADN nucléaire est normal. Chez les Procaryotes, les gènes des fonctions essentielles sont tous groupés dans une molécule d'ADN circulaire ou chromosome. Les plasmides apportent un ou des gène(s) nouveau(x) et peuvent aussi complémenter un chromosome porteur de mutations létales ou défavorables et assurer la pérennité de la souche.

Génotype

Les individus héritent de gènes et non des produits finals du développement. Le génotype est donc l'ensemble des gènes, exprimés ou non, présents dans le zygote ou les cellules qui en dérivent, et donc l'ensemble des potentialités génétiques.

Germe

De façon globale, le germe est l'initiateur d'un processus biologique amenant une transformation, soit le développement d'un organisme, soit une infection suivie de lésions ou de modifications au sein de l'organisme récepteur du germe.

Hérédité

Transmission de l'information génétique d'une génération aux générations suivantes. Chez les animaux, l'hérédité *nucléaire* est la transmission à la descendance des n chromosomes de chaque parent, la répartition aléatoire des chromosomes de chaque parent ayant lieu au cours de la formation des gamètes ; l'hérédité *cytoplasmique* est uniparentale, le spermatozoïde n'apportant que peu ou pas de cytoplasme. Chez la levure, les deux gamètes apportent des quantités égales d'ADN, nucléaire et mitochondrial, au zygote.

Hybride

Descendant d'un croisement dans lequel les parents diffèrent par plusieurs caractères et sont le plus généralement d'espèces différentes. On peut l'appliquer aussi pour les produits de recombinaison génétique, naturelle ou artificielle, entre un virus (dont le bactériophage) et de l'ADN d'un organisme, bactérie ou plante.

Immunité

On parle d'immunité quand il y a protection contre l'infection par un germe pathogène, qu'elle soit cellulaire ou humorale (anticorps). Ici, on a fait mention de l'immunité dans le cas des bactéries lysogènes ; elles élaborent un répresseur qui bloque les fonctions d'un bactériophage de même spécificité à ce niveau, de sorte que le développement du phage correspondant et la lyse d'une bactérie lysogène ne sont plus possibles, sauf si ce phage est mutant et résistant au répresseur d'immunité. Par un autre mécanisme, les bactéries colicinogènes sont immunes à l'action de la ou des colicines correspondantes.

Induction

Influence positive par une fonction interne ou par un facteur externe sur un processus biologique, tel qu'une fermentation, un développement embryonnaire ou la production de particules de virus dans une souche porteuse d'un provirus. Il peut aussi y avoir induction de mutation par un agent mutagène mais non par l'agent utilisé pour la sélection du mutant.

Levure

Champignon microscopique du groupe des Ascomycètes. La levure sert de modèle pour l'étude de la cellule eucaryote. Son utilisation en recherche s'explique par sa multiplication rapide par bourgeonnement, l'apport égal d'ADN parental dans le zygote et les conditions de culture comparables à celles des bactéries. Elle est une source importante de protéines et de vitamines.

Lyse, lysat, lysines

La lyse correspond a la rupture de l'enveloppe d'une cellule, procaryote ou eucaryote. La lyse spontanée ou provoquée du globule rouge est utile en immunologie, virologie et bactériologie, notamment dans la réaction de fixation du complément. Chez les bactéries, celle-ci peut avoir lieu suite au développement d'un bactériophage qui s'accompagne de l'action d'une endolysine, ou bien par un choc osmotique ou encore par l'action d'enzymes de type lysozyme, lysines ou enzymes bactériolytiques comme celles contenues dans l'actinomycétine. Après induction du prophage ou développement d'un phage infectant une bactérie sensible, la culture bactérienne se lyse et le lysat contient un grand nombre de particules de phage qu'on peut concentrer par ultracentrifugation (20.000 x g).

Lysogénie

Etat de bactéries qui portent le génome d'un bactériophage à l'état de prophage dont les fonctions sont réprimées par un répresseur d'immunité. Le prophage est inséré dans la continuité du chromosome de la bactérie lysogène ou maintenu à l'état latent dans le cytoplasme sous forme de phasmide (voir ce terme). Spontanément, à faible fréquence, ou après induction, par les UV ou la mitomycine, le répresseur est inactivé et le prophage entre en développement entraînant la lyse de la bactérie.

Lysotype, lysotypie

Le lysotype ou lysovar caractérise la souche bactérienne par son spectre de sensibilité à des phages de référence. La lysotypie est donc la branche de l'épidémiologie qui analyse et classe les souches d'une même espèce de façon complémentaire par rapport au biotype.

Lysozyme

Enzyme de faible poids moléculaire présente dans les larmes et le blanc d'œuf. De type muramidase, elle rompt les liaisons des parois de bactéries à Gram positif contre lesquelles elle constitue un bactéricide naturel.

Marqueur génétique

Employé en génétique pour désigner des allèles permettant de reconnaître un organisme, un recombinant ou un parent dans un croisement grâce à un phénotype déterminé.

Membrane

Mince pellicule de 5-10 nm d'épaisseur dépourvue de discontinuité et enfermant le contenu de la cellule, du noyau ou d'un organite (mitochondrie, *lysosome, peroxysome*). Elle est formée de deux feuillets phospho-lipidiques et est asymétrique quant à sa composition en lipides et protéines. Les membranes biologiques ne sont pas seulement perméables à l'eau car il y a perméation active. La membrane interne des bactéries comme la membrane cytoplasmique des cellules eucaryotes régule les échanges entre milieu extérieur et intérieur de la cellule et assure de ce fait le maintien de la composition du cytoplasme. La membrane externe des Eubactéries est de composition plus complexe.

Mutation

Modification réversible ou irréversible au niveau du patrimoine génétique. Les mutations sont dites *ponctuelles* quand elles n'affectent qu'une seule paire de nucléotides. Sinon, les mutations sont des délétions (voir ce terme), *inversions, duplications, translocations* ou *transpositions* selon qu'il y a excision ou insertion de *séquences* plus ou moins longues, comme des répétitions de séquences, le transfert d'un segment d'une autre partie du génome ou d'une séquence étrangère. Certaines mutations ont pour effet de rétablir le phénotype sauvage, soit par retour au génotype initial, soit par correction de l'expression de mutations par d'autres mutations appelées *suppresseurs*. Les mutations qui ne s'accompagnent pas de changement favorable ou défavorable sont dites neutres. Une mutation est spontanée, mais sa fréquence peut être accrue par l'effet d'agents dits mutagènes agissant au niveau de l'ADN. Chez les Eucaryotes pluricellulaires, on oppose mutations *germinales* aux mutations *somatiques* ; elles affectent les cellules sexuelles et sont, de ce fait, transmissibles à la différence des secondes.

Mycobactéries

Bactéries appartenant à l'ordre des Actinomycétales, caractérisées par la richesse de leur paroi en lipides les rendant résistantes aux acides et à l'alcool : *Mycobacterium tuberculosis* (BK) et Mycobactéries atypiques, parfois plus ou moins pathogènes.

Mycoplasmes

Ces bactéries dépourvues de paroi sont déformables et insensibles à la pénicilline. Ce sont essentiellement des parasites intra-cellulaires. *Mycoplasma pneumoniae* est pathogène chez l'homme.

Noyau cellulaire

Compartiment de la cellule eucaryote qui joue un rôle important dans la régulation des fonctions cellulaires. Limité par une membrane double avec pores, il contient la chromatine (voir ce terme) et un *nucléole*, siège d'histones, d'ARN et de précurseurs ribosomiaux.

Lors de la division cellulaire, le noyau et le nucléole s'estompent et la chromatine s'organise en chromosomes avant de subir une répartition entre les cellules-filles.

Nucléotides

Les bases composant les acides nucléiques sont des purines, adénine (A) et guanine (G). et des pyrimidines, cytosine (C) et uracile (U) dans l'ARN, thymine (T) dans l'ADN. Elles sont associées au ribose dans l'ARN et au désoxyribose dans l'ADN. Elles sont reliées entre elles par des liaisons phosphodiester sur les carbones 5 et 3 de ces sucres.

Opéron

L'opéron est défini comme un groupe de *gènes de structure* qui codent pour les différentes enzymes impliquées dans une biosynthèse ou une fermentation. Leur activité est conditionnée par un *répresseur* agissant sur un site *opérateur* en amont des gènes de structure et par un *promoteur*, qui est le site d'initiation de la *transcription*, c'est-à-dire la formation d'ARN messager, réplique de l'ADN transcrit (sauf que la thymine de l'ADN codant est remplacé par l'uracile).

Organites (ou organelles)

Corpuscules présents dans le cytoplasme des cellules eucaryotes et spécialisés dans une ou plusieurs fonctions particulières : mitochondries, appareil de Golgi, chloroplastes, peroxysomes...

Pénicilline

Cet antibiotique du groupe des *β-lactamines* est produit par une souche de *Penicillium notatum*. Agissant sur des "*penicillin-binding proteins*" dans l'enveloppe bactérienne, elle affecte la synthèse normale du peptidoglycane (voir ce terme) causant la mort de la bactérie en phase de croissance. Les autres β-lactamines sont produites par d'autres moisissures ou même des bactéries. On commercialise des dérivés semi-synthétiques peu allergogènes.

Peptidoglycane (ou Muréine)

Ce composant de la trame rigide des parois bactériennes est une structure hybride complexe. Il comprend des disaccharides et des glycosamines et est sensible à l'action du lysozyme. En empêchant différentes étapes de la synthèse des glycosaminoglycanes au cours de la croissance, la pénicilline provoque indirectement la lyse. La suppression du peptidoglycane n'inhibe pas la viabilité dans un milieu hypertonique prévenant le choc osmotique (voir protoplaste).

Phage (voir bactériophage).

Plasmides, phasmides

Les plasmides sont des molécules d'ADN circulaires auto-réplicatives conférant des propriétés non essentielles à la bactérie, résistance à un antibiotique, production d'une colicine, conjugaison, résistance aux métaux lourds, etc. Les phasmides sont des plasmides constitués, en tout ou en partie, de génomes phagiques non intégrés dans le chromosome et dont la réplication est liée à celle du chromosome. Un phasmide contenant toutes les fonctions essentielles d'un phage peut occasionnellement former des plages de lyse.

Phénotype

Ensemble des caractères que présente un organisme et donc la manifestation externe de son génotype. Celui-ci n'est pas, ou peu souvent, complètement exprimé, même chez les Procaryotes. Des facteurs divers conditionnent l'expression phénotypique : relation de dominance entre allèles (voir ce terme), facteurs liés à l'environnement, signaux d'expression de gènes.

Prébiotique (Evolution)

Concerne la phase des modifications physico-chimiques qui précèdent la formation d'organismes vivants.

Prions

Actuellement, on les considère comme des protéines anormales formant avec d'autres protéines des agrégats fibrillaires ou sous-fibrillaires anormaux se reproduisant par eux-mêmes. Les organismes en contact avec les prions peuvent éventuellement répondre à leur action en subissant un transfert de changement de conformation de protéines avec comme conséquence des altérations, notamment au niveau du système nerveux central chez les animaux ou chez l'homme (ex : ESB, Kuru, scrapie, Creutzfeldt-Jakob).

Procaryote

Organisme existant le plus souvent à l'état unicellulaire, ne contenant pas d'organites et dont l'ADN se trouve à l'état libre sous forme de nucléoïde, qui consiste en une seule molécule circulaire qu'on peut appeler chromosome. Il peut aussi y avoir des molécules d'ADN plus petites et non essentielles qu'on appelle plasmides. A côté des Eubactéries et des Archéobactéries, il y a les algues bleues ou Cyanophycées.

Prophage (voir bactériophage)

Protéine

Ce constituant primordial de la matière vivante est un biopolymère d'*acides aminés α* formé par *liaison peptidique* entre un groupe aminé de l'un et carboxyle de l'autre (-NH-COO-). De nombreuses protéines sont composées de plusieurs *chaînes polypeptidiques* reliées, notamment, par des ponts disulfure (-S-S-). Elles remplissent des fonctions diverses : catalytiques (*enzymes*), plastiques et de soutien (*cytosquelette*), de défense (*anticorps*), récepteurs d'éléments exogènes, interactions avec d'autres molécules conduisant à des processus de transformations biochimiques (*hormones*). La spécificité des protéines dépend de la séquence des amino-acides ; cette séquence est définie par les gènes. Les protéines sont dégradées par des *protéases* qui ont des spécificités et même des modes d'action différents (ex : *thrombine* vs *coagulases*).

Protoplaste

Bactérie à Gram positif ayant perdu sa paroi par hydrolyse du peptidoglycane par le lysozyme ou par inhibition de sa synthèse par une β-lactamine. Ils peuvent survivre dans un milieu hypertonique sans lequel il y aurait lyse par choc osmotique et peuvent même se multiplier et être utilisés dans certaines expériences ou manipulations.

Prototrophe, prototrophie

Se dit de Procaryotes capables d'assurer leur croissance dans un milieu minéral contenant un sucre fermentescible comme unique source de carbone. Le glucose, sucre de la catégorie des hexoses, est le plus important puisqu'il est la source universelle directe d'énergie chimique grâce à la glycolyse. Il est fermenté en alcool par la levure et métabolisé en produits divers par de nombreuses espèces bactériennes.

Récepteur membranaire

Le récepteur correspond à un site de fixation d'une substance ou d'un virus, sur un biopolymère, protéine ou polysaccharide, dans la membrane externe. La liaison au niveau du récepteur peut générer différents processus pouvant conduire à une action létale (ex. : adsorption d'une colicine ou d'un phage virulent) ou au déclenchement de réponses physiologiques (ex. : action d'hormones), ou au processus de pénétration de l'ADN d'un phage.

Recombinaison génétique

Elle peut être de différents types :

1) réassortiment de chromosomes dans les cellules eucaryotes ;

2) crossing-over amenant une nouvelle combinaison de gènes ;

3) elle peut être spécifique de site ; ex. : lysogénisation par le phage lambda, où il y a reconnaissance du site d'intégration qui est unique dans le chromosome bactérien près de l'opéron galactose et est reconnu par une enzyme d'origine phagique, l'*intégrase* ; c'est à ce niveau qu'un crossing-over unique entre un site correspondant de la forme circulaire du génome de lambda et le site bactérien conduit à l'insertion linéaire de ce génome qui devient le prophage ;

4) la *recombinaison illégitime* a lieu entre séquences qui ne présentent que peu ou pas d'homologie et donne lieu à des *excisions* (délétions) ou à des translocations.

Régulation, circuits régulateurs

Ensemble des mécanismes qui assurent un bon équilibre physiologique et le développement correct d'une cellule et d'un organisme. La régulation peut s'exercer sur l'expression d'un gène ou de plusieurs gènes groupés dans un opéron ou sur l'activité d'une enzyme. Dans ce deuxième cas, il y a rétro-inhibition par accumulation d'un produit de biosynthèse avec arrêt de l'activité de la chaîne de synthèse, le précurseur pouvant s'accumuler à son tour. Le nombre de niveaux auxquels des régulations sont exercées croît avec le degré de complexité de l'organisme. On distingue des boucles régulatrices négatives, d'où répression de l'activité de gènes de structure, et des boucles régulatrices positives. La régulation dépend de mécanismes sous-jacents : présence de certains métabolites, action d'hormones, réponse à certains stimuli.

Réplication, réplicon

A chacun des deux brins de l'ADN qui se séparent s'associent les nucléotides complémentaires, A s'appariant avec T, C avec G de sorte qu'il se forme deux molécules identiques. Chez les bactéries, la réplication de l'unique chromosome circulaire commence en un site déterminé appelé *ori*, initiateur de la séparation des deux brins, et progresse dans les deux sens jusqu'au site diamétralement opposé *ter* où les extrémités de l'anse de réplication se rejoignent pour former la copie de la molécule initiale. Le réplicon est l'unité moléculaire servie par un seul site *ori*, par exemple un chromosome bactérien, une molécule circulaire d'ADN mitochondrial, un plasmide, un ADN ou ARN de phage. Le prophage intégré a perdu son statut de réplicon car ses propres fonctions de réplication sont bloquées.

Ribosome

Au niveau de ce complexe ribonucléoprotéique cellulaire universel s'effectue la phase de *traduction* de la biosynthèse de protéines, c'est-à-dire l'assemblage d'amino-acides en une chaîne polypeptidique suivant la séquence dictée par un ARN messager. Les ribosomes *cytoplasmiques* des eucaryotes diffèrent par leur taille et leur composition des ribosomes *mitochondriaux* ou chloroplastiques qui, eux, sont davantage apparentés aux ribosomes des procaryotes. Cependant , tous les ribosomes ont une structure et un mode de fonctionnement similaires. Chaque sous-unité de ribosome est constituée d'une à trois molécules d'*ARN* dit *ribosomial*. L'analyse de ces ARN constitue un critère des relations phylogénétiques et donc de classification des organismes.

Spores

Etat dans lequel les organismes ont une activité biologique quasi nulle sans être morts. Ils constituent des germes puisqu'ils se développent dans les conditions favorables au retour à la forme dite non sporulée. On les trouve chez certains végétaux et mycètes et dans les bactéries dites sporulantes, notamment les anaérobies stricts qui, dans ces conditions, résistent à l'oxygène et aux UV.

Transduction

Transfert de matériel génétique bactérien par l'intermédiaire d'un bactériophage. On distingue plusieurs formes de transduction selon le phage. Elle peut être *généralisée*, quand des particules différentes portent un court segment quelconque du chromosome bactérien, *spécialisée* ou *restreinte* quand le segment transduit est adjacent au site d'intégration du prophage. Ce processus est comparable à la transformation mais en diffère en ce qu'il requiert le récepteur du phage dans les souches donatrice et réceptrice alors que, dans la transformation, les cellules réceptrices doivent être naturellement - ou rendues - compétentes pour permettre le transport intramembranaire de l'ADN.

Virus, virion, viroïdes

Les virus sont des parasites intracellulaires obligés, consistant en particules dont le diamètre varie selon le virus entre 20 et 300nm. Les paricules, ou virions, sont formées d'une capside protéique (parfois lipido-protéique) de forme régulière et bien déterminée, souvent sphérique ou à contour polygonal, parfois formant une spirale serrée enveloppant l'ADN ou l'ARN du virus. Le virion est parfois garni de *spicules* et, dans le cas de beaucoup de bactériophages, d'un appendice plus ou moins long. Ce sont les queues de phage qui servent à la fixation sur le récepteur spécifique, à l'action létale éventuelle et au passage de l'acide nucléique dans la bactérie. David Baltimore définit 6 classes de virus selon la nature de l'acide nucléique : ADN bicaténaire, ou monocaténaire, ARN bicaténaire, ou monocaténaire, etc.Les viroïdes, à la différence des virus, n'ont pas de capside propre mais ont un ARN qui resiste à l'action de la ribonucléase.

Zygote

Cellule œuf qui résulte de la fusion de deux cellules eucaryotes parentales haploïdes, les gamètes mâle et femelle. (Un phénomène comparable peut se produire exceptionnellement chez les bactéries).

INDEX DES MATIERES

INDEX DES AUTEURS

(Sont renseignés les auteurs dont la contribution est décrite dans le texte ; sont suivis d'un (B) les noms d'auteurs belges ou étrangers qui ont publié des travaux effectués en Belgique.)

www.ingramcontent.com/pod-product-compliance
Lightning Source LLC
LaVergne TN
LVHW010916051026
849532LV00003B/713
* 9 7 8 2 7 4 7 5 0 9 7 3 2 *